Strategien zur Strombeschaffung in Unternehmen

Ingrid Schumacher • Philip Würfel

Strategien zur Strombeschaffung in Unternehmen

Energieeinkauf optimieren, Kosten senken

Ingrid Schumacher
Heidelberg
Deutschland

Philip Würfel
Heidelberg
Deutschland

ISBN 978-3-658-07421-0   ISBN 978-3-658-07422-7 (eBook)
DOI 10.1007/978-3-658-07422-7

Die Deutsche Nationalbibliothek verzeichnet diese Publikation in der Deutschen Nationalbibliografie; detaillierte bibliografische Daten sind im Internet über http://dnb.d-nb.de abrufbar.

Springer Gabler
© Springer Fachmedien Wiesbaden 2015

Lektorat: Eva-Maria Fürst

Gedruckt auf säurefreiem und chlorfrei gebleichtem Papier

Springer Gabler ist Teil der Fachverlagsgruppe Springer Science+Business Media
(www.springer.com)

Inhaltsverzeichnis

1 **Einleitung** 1
  1.1 Der Stromeinkauf in Unternehmen 2
  1.2 Die zunehmende Komplexität der Strombeschaffung 3
  1.3 Das Optimierungspotenzial bei mittelständischen Unternehmen . . . 3
  1.4 Ganzheitliche Strombeschaffungsstrategie 5
  1.5 Unternehmensindividuelle Entscheidungskriterien 6

2 **Der Strommarkt und die Strompreisbildung** 9
  2.1 Der Stromgroßhandelsmarkt 11
  2.2 Die Mechanismen der Strompreisbildung 25
  2.3 Die Branche der Stromversorger 34

3 **Die Grundlagen für den Stromeinkauf** 39
  3.1 Die verschiedenen Arten der Verbrauchsmessung 40
  3.2 Benutzungsstunden 46
  3.3 Die unterschiedlichen Vertragsgrundlagen 46
  3.4 Die Regelung von Mengenabweichungen 51
  3.5 Der Arbeitspreis und Grundpreis 56

4 **Die Strombeschaffungsstrategien** 61
  4.1 Die verschiedenen Strombeschaffungsmodelle 62
  4.2 Die Grundlagen der Grünstrombeschaffung 96

5 **Die weichen Faktoren der Strombeschaffung** 111
  5.1 Das Wechselmanagement 112
  5.2 Das Abrechnungsmanagement 113
  5.3 Die Reporting-Dienstleistungen 115
  5.4 Das Vertragsmanagement 119
  5.5 Die Organisation der Kundenbetreuung 120

6   Das Outsourcen der Strombeschaffung 123
   6.1   Der Markt für Energieberater 123
   6.2   Die Chancen und Risiken des Outsourcings 125
   6.3   Einkaufsgemeinschaften als Alternative zur individuellen
       Beschaffung 133

7   Die Organisation der Stromausschreibung 135
   7.1   Die Gründe für die Stromausschreibung 136
   7.2   Transparenz über die eigenen Vertragskonditionen 136
   7.3   Die Stromausschreibung als Projekt 138
   7.4   Typische Problemfelder der Stromausschreibung 142

Anhang 155

Sachverzeichnis 161

Einleitung

1

Die Strommarktliberalisierung und die Energiewende haben weitreichende Auswirkungen auf die Stromgroßhandelsmärkte und die Beschaffungskonzepte von
Unternehmen. Ob volatilere Großhandelspreise, zunehmender Wettbewerb unter
Stromlieferanten, steigende Netzentgelte oder zusätzliche Umlagen und Abgaben,
die Auswirkungen sind vielfältig. Der Strombezug wird komplexer.

Energieversorger stellen sich auf die neue Energiewelt mit neuen Produkt- und
Dienstleistungsangeboten ein. Die angebotenen Produkte werden immer kompli-
zierter und unüberschaubarer. Energieversorger haben über die komplexen Marktentwicklungen mehr Informationen als die Kundenunternehmen. Die Gefahr für
Kundenunternehmen, in diesem Prozess Beschaffungsentscheidungen ohne vollständigen Informationsüberblick treffen zu müssen, wird größer. Jede Branche hat
eine andere Kosten- und Wettbewerbssituation. Doch über alle Branchen hinweg
wächst der Kostendruck. Steigende Energiekosten können immer weniger an die
Kunden weitergegeben werden. Dieser Trend wird weiter zunehmen. Die Strombeschaffung wird daher, in jeder Branche in unterschiedlichem Ausmaß, immer
wichtiger für den Gesamterfolg des Unternehmens. Jeder eingesparte Euro bei den
Stromkosten verbessert die Wettbewerbssituation und schafft unternehmerische
Freiräume. Umgekehrt reduziert jeder verschenkte Euro die Spielräume und gefährdet den Gesamterfolg.

© Springer Fachmedien Wiesbaden 2015
I. Schumacher, P. Würfel, *Strategien zur Strombeschaffung in Unternehmen*,
DOI 10.1007/978-3-658-07422-7_1

1.1   Der Stromeinkauf in Unternehmen

Diese Situation führt zu einer gesteigerten Verantwortung der Mitarbeiter in den Unternehmen, die für den Stromeinkauf zuständig sind. Hier unterscheiden sich mittelständische Unternehmen wesentlich von Großkonzernen. Große Unternehmen, beispielsweise aus der Chemie-, Maschinenbau- oder Stahlindustrie, haben die Ressourcen, spezialisierte Abteilungen oder Tochterunternehmen zur Energiebeschaffung zu unterhalten. In den meisten Fällen sind die Mitarbeiter dieser Abteilungen hochspezialisiert und verfügen über Erfahrungen in der Energiewirtschaft. Aufgabe dieser Energiemanagement-Einheiten ist es unter anderem, den Strombezug zu optimieren. Das erreichen die häufig gut besetzten Einheiten dadurch, dass sie die Entwicklungen der Energiemärkte und der Energiepolitik beobachten und die Auswirkungen auf das eigene Unternehmen analysieren. Aus diesen Analysen entwickeln sie Handlungsstrategien zur Beschaffung von Energie für das eigene Unternehmen. Die Strategien berücksichtigen Entwicklungen in Teilmärkten auch über Ländergrenzen hinweg.

Der Aufwand entsprechender Unternehmenseinheiten ist hoch und verlangt nicht unerhebliche finanzielle Ressourcen. Ein Großkonzern kann diese Ressourcen stemmen. Für kleinere und mittlere Unternehmen ist die Vorstellung, eine vergleichbare „Energieabteilung" zu unterhalten, schlichtweg unrealistisch. Ein regionaltätiger Sozialverband mit Pflegeheimen und Einrichtungen für betreutes Wohnen kann es sich nicht leisten, eigens Mitarbeiter für die Beobachtung und Analyse der Energiemärke zu beschäftigen, und das, obwohl die Energiekosten einen wesentlichen Teil seiner Gesamtkosten darstellen. In mittelständischen Unternehmen betreuen häufig „Einkaufsgeneralisten" die Beschaffung von Strom nebenher, was bedeutet, dass neben der Beschaffung von Büromaterial, dem Kauf von Arbeitskleidung oder Werkzeugen auch Strom eingekauft wird. Im Gegensatz zu vielen anderen Beschaffungsgütern ist der Markt für Strombeschaffung jedoch komplex und unübersichtlich. Gerade durch die Energiewende steigt die Komplexität (Kap. 1). Häufig nimmt auch die Geschäftsleitung die Strombeschaffung direkt wahr. Das Problem ist jedoch in beiden Fällen dasselbe. Weder Geschäftsführung noch die mit der Strombeschaffung betrauten Mitarbeiter haben in aller Regel die Kapazität, den sich schnell verändernden Entwicklungen an den Energiemärkten zu folgen. So entsteht eine Lücke zwischen der steigenden Bedeutung der Strombeschaffung, der wachsenden Komplexität der Materie und der Expertise, um dieser wachsenden Komplexität zu begegnen.

Für die Verantwortlichen in den mittleren und kleinen Unternehmen ist die Strombeschaffung oftmals ein notwendiges Übel. Sie möchten sie am liebsten schnell, unkompliziert und ohne großen Aufwand über die „unternehmerische

Bühne" bringen. Nicht selten verlassen sich die Unternehmen auf altvertraute Beschaffungsmodelle und die jahrelang bekannten Energieversorger als Geschäftspartner. Doch der Strommarkt hat seit der Marktliberalisierung zu Beginn der Jahrtausendwende einen grundlegenden Wandel erfahren.

1.2 Die zunehmende Komplexität der Strombeschaffung

Produkte, Dienstleistungen und Anbieter wurden vielfältiger. War es früher das örtliche Stadtwerk, welches das Monopol auf die Stromversorgung hatte, so ist die Anzahl der Anbieter rasant gestiegen. Inzwischen können Kundenunternehmen unter mehr als 1000 Stromanbietern mit diversen Produkten und Servicedienstleistungen auswählen. Diese Wahlfreiheit macht die Entscheidung, welcher der Anbieter das passendste Angebot bietet, nicht leichter.

Die Beschaffungsverantwortlichen stehen bei dieser Wahl oftmals vor der Frage, welche Kriterien sie für die richtige Auswahl ansetzen sollen. Oder wie es eine Kundin, die Einkäuferin eines Immobilienunternehmens, formulierte: „Wie kann ich guten Gewissens gegenüber der Geschäftsführung vertreten, dass das abgeschlossene Angebot tatsächlich die bestmöglichen Konditionen für unser Unternehmen bietet, wenn ich gar nicht weiß, welche Beschaffungsprodukte am Markt überhaupt angeboten werden, geschweige denn, welche Vor- und Nachteile damit verbunden sind. Mir fehlt die Zeit, mich in die Thematik vertieft einzuarbeiten." Die Gefahr besteht, „Geld liegen zu lassen" beziehungsweise unnötigerweise ungünstigere Angebote abzuschließen. Häufig realisiert sich diese Gefahr und genauso häufig werden sich die Unternehmen erst nach Jahren bewusst, dass sie jahrelang zu teuer eingekauft haben. Vor dem Hintergrund der Veränderungen, welche die Energiewende für die Strombeschaffung mit sich bringt, ist es notwendig, die wichtigsten Grundlagen und Erfolgsfaktoren für Unternehmenseinkäufer am Strommarkt zusammenzufassen.

1.3 Das Optimierungspotenzial bei mittelständischen Unternehmen

Durch ihre vielfältigen praktischen Erfahrungen erkannten die Autoren das beträchtliche Optimierungspotenzial, speziell bei vielen mittelständischen Unternehmen. Mit dem Buch wollen sie diesen Unternehmen helfen, die Herausforderungen der Energiewende mit Blick auf die Strombeschaffung zu meistern und durch einen optimierten Stromeinkauf zum Unternehmenserfolg beizutragen.

Die Autoren wollen mit diesem Buch speziell die in kleineren und mittleren Unternehmen mit der Strombeschaffung betrauten Verantwortlichen ansprechen. Es sind Mitarbeiter von Pflegeheimen, Bäckereien, Automobilzulieferern, Klinikbetreibern, Einzelhändlern, Bauunternehmen, Speditionen und anderen. Die Liste lässt sich um etliche Branchen erweitern.

Dabei kann es sich um Mitarbeiter im Einkauf, im Facility-Management, in der kaufmännischen Sachbearbeitung oder auf der Ebene der Geschäftsführung handeln. Die Positionen der Verantwortlichen sind so verschieden wie es die Unternehmen in unterschiedlichen Branchen sind. Aus den dargestellten Praxisbeispielen und Übersichten können auch branchenübergreifend Handlungsalternativen abgeleitet werden, denn die Herausforderungen der Strombeschaffung für Unternehmen bestehen weitestgehend unabhängig von der Branchenzugehörigkeit. Der Ansatz ist pragmatisch. Ziel ist es nicht, die Strombeschaffungsmärkte in allen Einzelheiten zu erklären und den Leser auf diese Weise mit unnötigem Detailwissen zu überfordern – Fachwissen, welches er für seine betriebliche Praxis der Strombeschaffung nicht benötigt. Es ist daher weder realistisch noch beabsichtigt, aus dem Leser im Rahmen eines Buches einen hochspezialisierten Fachmann für die Energiemärkte zu machen. Das Ziel des Buches gleicht den Zielen eines jeden Beschaffungsprozesses: Nämlich in einer angemessenen Zeit das optimale Ergebnis zu erzielen. Deshalb beginnt das Buch zunächst mit dem Grundlagenwissen über den Großhandelsmarkt für Strom, um so dem Leser und den verantwortlichen Mitarbeitern möglichst eingängig Wissen über die Strompreisbildung zu vermitteln. Ebenso liefern die Kapitel das notwendige Grundlagenwissen über Fachbegriffe, bestimmte energiewirtschaftliche Zusammenhänge und die gängigen Strombeschaffungsstrategien mit ihren jeweiligen Vor- und Nachteilen. Des Weiteren werden die Themenkomplexe dargestellt, mit welchen sich vor allem mittelständische Unternehmen in aller Regel im Zusammenhang mit ihrem Stromeinkauf konfrontiert sehen. Diese Themen sind:

- Fragen des Dienstleistungsspektrums der Energieversorger,
- Fragen zum Outsourcing der Strombeschaffung,
- Fragen zur zeitlichen und organisatorischen Abwicklung einer Stromausschreibung und
- typische Fallstricke einer Stromausschreibung.

1.4   Ganzheitliche Strombeschaffungsstrategie

Die Praxis zeigt, dass es häufig sehr einfach umzusetzende Handlungshilfen sind, die langfristig Geld sparen. Durch die Lektüre dieses Buches sollen Unternehmen die Möglichkeit haben, eine für ihr eigenes Geschäftsmodell und ihre Unternehmensphilosophie passende ganzheitliche Strombeschaffungsstrategie zu entwickeln. Von der Ausschreibung über das Beschaffungsprodukt bis hin zur Abwicklung – je nach Branche und sogar je nach Unternehmen kann diese Strategie, den grundsätzlichen Herausforderungen zu begegnen, sehr unterschiedlich aussehen. Ganzheitliche Strombeschaffung bedeutet, alle Faktoren aus dem Bereich der Strombeschaffung, die Auswirkungen auf den Unternehmenserfolg haben, bei der Strombeschaffungsentscheidung zu berücksichtigten (Abb. 1.1).

Viel zu häufig konzentrieren sich Unternehmen bei Ihrer Entscheidung für einen Energieversorger lediglich auf den scheinbar günstigsten Preis. Andere Faktoren, zum Beispiel Flexibilität, Marktchance, Risikoabsicherung oder Dienstleistungsspektrum bleiben, unberücksichtigt. Der Ansatz der ganzheitlichen Betrachtung hilft dabei, den unternehmerischen Horizont zu erweitern. Er macht auch die im ersten Moment nicht ersichtlichen, jedoch oftmals entscheidenden Faktoren kenntlich und bewertbar. Dadurch hilft er dabei, eine realistische und optimierte Strategie festzulegen.

Abb. 1.1 Einflussfaktoren ganzheitliche Strombeschaffung

1.5   Unternehmensindividuelle Entscheidungskriterien

Jedes Unternehmen wird einzelne Kriterien wie Preisgünstigkeit, Budgetsicherheit, Flexibilität, Servicedienstleistungen und Marktchance unterschiedlich bewerten. Die Bewertung kann sowohl von Branche zu Branche als auch von Unternehmensphilosophie zu Unternehmensphilosophie variieren. Ein Pflegeheimbetreiber wird bedingt durch Verpflichtungen gegenüber dem Kostenträger das Thema „Budgetsicherheit" stärker betonen als eine Großwäschereikette, für die das Stichwort „Marktchance" wichtiger ist. Das mittelständische Chemieunternehmen mit einem Produktionsstandort und einem hohen Stromkostenanteil betont den Faktor Preis anders als den Faktor Rechnungslogistik. Für einen Einzelhändler mit 20 Abnahmestellen in verschiedenen Netzgebieten fällt diese Entscheidung möglicherweise umgekehrt aus. Ein Unternehmen mit einem konservativen Risikomanagement legt Wert darauf, dass möglichst frühzeitig Planungssicherheit über die Stromkosten geschaffen wird. Unternehmen mit einem höheren Chancenbewusstsein stellen in aller Regel den Aspekt „Planungssicherheit" hinter den Aspekt „Preisvorteil" zurück. Die Entscheidungskriterien sind zahlreich.

Eine ganzheitliche Strombeschaffungsstrategie integriert diese Ansätze in eine Gesamtbetrachtung der Faktoren. Er gewichtet einzelne Faktoren anhand ihrer Wertigkeit für unternehmerische Notwendigkeit und Neigung.

Teilweise herrscht zwischen einzelnen Teilzielen einer Strombeschaffungsstrategie keine Zielkongruenz. Der billigste Preis (Preisgünstigkeit) geht in aller Regel nicht einher mit dem breitesten After-Sales Service (Dienstleistungsqualität). Oftmals bietet der Markt jedoch mehr Möglichkeiten als dies den meisten Unternehmen bewusst ist. So sind die Merkmale Planungs- beziehungsweise Budgetsicherheit und Marktchancenwahrnehmung über innovative Beschaffungsmodelle weitaus besser miteinander kombinierbar als es oftmals erscheint. Die Abbildungen und Praxisbeispiele in diesem Buch illustrieren dies anschaulich. Trotzdem bleiben manche Zielwidersprüche bestehen. Möchte das Kundenunternehmen die Marketingstrategie mit einer glaubwürdigen Grünstrombeschaffungsstrategie unterstützen, so geht dies zulasten eines möglichst günstigen Preises. Auch mit dem Ansatz der ganzheitlichen Strombeschaffung bleiben Grundwidersprüche bestehen. Sie lassen sich nur durch unternehmerische Positionierung auflösen.

Jedoch zeigen Beratungsgespräche in vielen Branchen, dass es bereits hilft, die einzelne Faktoren und Optionen zu kennen um zu einer optimierten Entscheidung zu kommen. Abbildungen und Praxisbeispiele verdeutlichen bestimmte Sachverhalte und Zusammenhänge um auch dem fachfremden Leser einen schnellen Zugang zur Materie zu ermöglichen.

Die gewählten Praxisbeispiele ermöglichen eine schnelle Adaption auf die eigene betriebliche Praxis. Es sind spannende und umwälzende Zeiten am Strommarkt.

Die Lektüre diese Buches soll die/den Strombeschaffungsverantwortlichen mit den Risiken dieses sich ändernden Marktes bekannt machen und ihnen/ihm – soweit als möglich – helfen, diese zu meiden. Gleichzeitig unterstützt das Buch (Sie als Leser) dabei, die Chancen zu nutzen, welche dieser Markt bietet.

Der Strommarkt und die Strompreisbildung

2

Das Verständnis um die grundlegenden Mechanismen der Strombeschaffungsmärkte ist die Grundlage für einen effizienten Stromeinkauf. Diese Märkte und
ihre Entwicklungen sind die Ausgangsbasis für jede Beschaffungsstrategie. Jedes
Unternehmen wird über seine Strombeschaffung direkt von den Entwicklungen an
den internationalen Strom- und Energiemärkten beeinflusst. Strom ist zu einem
Wettbewerbsgut geworden und der Handel findet über nationale Grenzen hinweg
statt. Die komplexen Zusammenhänge dieser Märkte sind der Öffentlichkeit nur
wenig bekannt. Auch viele kleinere und mittlere Unternehmen kennen die Zusammenhänge am Strommarkt oftmals nicht. Im Gegensatz zum Handel mit anderen
Gütern weist der Handel mit Strom einige Besonderheiten auf. Die meisten Menschen sehen die Stromversorgung so wie die medizinische Versorgung oder Was-
serversorgung, als Teil der Daseinsfürsorge. Eine marktwirtschaftliche Ordnung
des Strommarktes ist für viele Menschen nur schwer verständlich. Zu elementar ist
das tägliche Leben in unserer modernen Industriegesellschaft von der bezahlbaren
und jederzeit verlässlichen Versorgung mit Strom abhängig. Was für den einzelnen
Menschen zutrifft, gilt vermehrt für Unternehmen. Ohne die verlässliche und bezahlbare Versorgung mit Strom ist unternehmerisches Handeln nicht vorstellbar.
Das gilt unabhängig von Branche, Unternehmensgröße und Standort. Beeinträchti-
gungen dieser verlässlichen und bezahlbaren Stromversorgung unterliegen deshalb
einer besonderen öffentlichen Aufmerksamkeit.

© Springer Fachmedien Wiesbaden 2015
I. Schumacher, P. Würfel, *Strategien zur Strombeschaffung in Unternehmen*,
DOI 10.1007/978-3-658-07422-7_2

Abb. 2.1 Energiewirt-
schaftliches Zieldreieck

Exkurs: das energiewirtschaftliche Zieldreieck

In einer Industriegesellschaft moderner Prägung muss ein flächendeckendes Stromversorgungssystem drei Anforderungen erfüllen. Diese drei essenziellen Kriterien bilden das energiewirtschaftliche Zieldreieck (Abb. 2.1). Es sind:

- Wirtschaftlichkeit
- Versorgungssicherheit
- Umweltschutz

Wirtschaftlichkeit meint die Bezahlbarkeit der Energieversorgung für die Volkswirtschaft, also die Summe aller Haushalte, Unternehmen und öffentlichen Einrichtungen.

Versorgungssicherheit ist die Fähigkeit eines Energiesystems, jederzeit die benötigte Energiemenge zuverlässig zur Verfügung stellen zu können. Dabei unterscheiden Energiewirtschaftler die politische und die technische Versorgungssicherheit. Die politische Versorgungssicherheit ist der Grad der Abhängigkeit der Energieversorgung vom Ausland. Die technische Versorgungssicherheit zielt darauf ab, wie fehleranfällig das Gesamtsystem in technischer Hinsicht ist. Grundsätzlich geht mit allen Energieerzeugungsarten eine Beeinträchtigung der Umwelt einher. Um das Schadensrisiko zu minimieren beziehungsweise in einem verhältnismäßigen Maß zu halten, ist der *Umweltschutz* ein eigenständiges Ziel. Dies gilt vor allem mit Blick auf den Klimawandel.

Die drei Ziele Wirtschaftlichkeit, Versorgungssicherheit und Umweltschutz verhalten sich widersprüchlich zueinander. Das heißt, wenn ein Ziel angestrebt wird, wird ein anderes dadurch aus den Augen verloren/vernachlässigt. Es besteht keine Zielkongruenz. Deshalb besteht das Ziel einer modernen Energiepolitik darin, eine ausgewogene Balance, ein Optimum aus den drei Teilzielen zu erreichen.

Seit den Beschlüssen zur Marktliberalisierung von 1998 unterliegt der Strommarkt einer marktwirtschaftlichen Ordnung. Grundsätzlich ist der Handel mit Energie in der Menschheitsgeschichte nichts Ungewöhnliches. Bereits um 3000 v. Chr. wurde im Mittelmeerraum der Handel mit den Energieträgern Brennholz und Holzkohle betrieben. Prinzipiell steht der heutige internationale Energiehandel in der Folge dieser frühzeitlichen Entwicklung über Ländergrenzen hinweg. Die marktwirtschaftliche Ordnung ist nicht die selbstverständliche Marktordnung für den Handel mit Strom. Es ist vielmehr die Ordnung, welche die Wirtschaftspolitik in den Ländern der Europäischen Union als die effizienteste Marktform für den Handel mit Strom erachtet. Das folgende Kapitel beschäftigt sich mit den Grundlagen dieses marktwirtschaftlichen Stromhandels und deren Auswirkungen auf die Stromkosten in den Unternehmen. Um diese Zusammenhänge zu verdeutlichen, werden der Strommarkt und die Strompreisbildung allgemeinverständlich erklärt. Dieses Verständnis ist eine der Voraussetzungen für Kundenunternehmen, eigenständig Strombeschaffungsstrategien zu entwickeln und am Markt entsprechend umzusetzen.

2.1 Der Stromgroßhandelsmarkt

Aus volkswirtschaftlicher Sicht ist der Markt ein Ort, an dem die Anbieter eines Gutes auf die Nachfrager treffen, um Komponenten wie Menge und Preis des Gutes auszuhandeln. Grundsätzlich gilt für alle Märkte die Grundregel: Angebot und Nachfrage bestimmen den Preis. Dieser Mechanismus gilt für alle handelbaren Produkte und Dienstleistungen. Bei ihrer Preisbildung stehen die Güter und Dienstleistungen, welche für die tägliche Daseinsfürsorge unentbehrlich sind, unter besonderer öffentlicher Beobachtung. In einer modernen Industriegesellschaft zählt auch die Stromversorgung zur Daseinsfürsorge. Aus diesem Grund steht die Preisbildung für Strom im Fokus der Bevölkerung, der Politik und der Wirtschaft. Historisch betrachtet ist die marktwirtschaftliche Struktur der Stromversorgung eine noch junge Marktstruktur. Bis ins Jahr 1998 hatte der Strommarkt in Deutschland die Struktur eines Gebietsmonopols, der sogenannten Konsortialgebiete.

Versorgungsstruktur der Konsortialgebiete

Die jeweiligen Energieversorger waren in ihren angestammten Netzgebieten, ihren Konsortialgebieten, für die Belieferung der in dem Netzgebiet beheimateten Stromabnehmer verantwortlich. Von der Strombereitstellung über den Stromtransport bis hin zur Lieferung und Abrechnung hatten die Versorger in ihrem Gebiet eine Monopolposition. Die Preise für die Stromlieferung bis zum einzelnen Zählpunkt richteten sich nach Tarifen, die öffentliche Behörden reglementierten. Die Kunden aus Wirtschaft und Privathaushalten waren an ihren Versorger gebunden (Abb. 2.2).

Für größere Industrieunternehmen bestand die Möglichkeit, sich durch die Installation von Eigenerzeugungsanlagen dem Monopol des für das örtliche Konsortialgebiet zuständigen Energieversorgers zu entziehen. In diesen Eigenerzeugungsanlagen können Unternehmen ihren gesamten Strombedarf beziehungsweise Teile selbst produzieren. Dadurch machten sie sich von der Stromlieferung durch Energieversorger unabhängiger. Das herausragende Beispiel dafür war in den Siebzigerjahren des letzten Jahrhunderts die Idee des Ludwigshafener Chemieriesen BASF, als einer der deutschlandweit größten Stromverbraucher ein Kernkraftwerk auf dem eigenen Werksgelände zu bauen. Nach genauerer betriebswirtschaftlicher Analyse verwarf die BASF allerdings das Vorhaben.

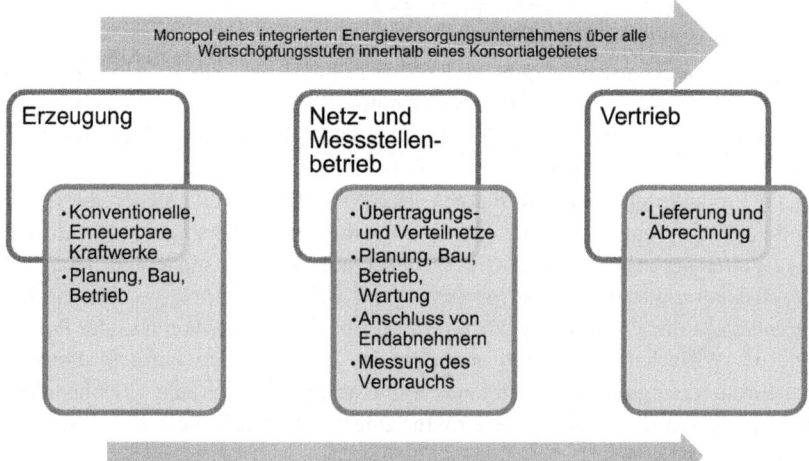

Abb. 2.2 Monopol innerhalb eines Konsortialgebietes

Die Planung des Projekts zeigt jedoch die Bereitschaft, sich im unternehmerischen Handeln von Stromversorgern und ihren Monopolpreisen unabhängig zu machen. Kleineren und mittleren Unternehmen standen die Möglichkeiten zur Eigenstromproduktion nur theoretisch zur Verfügung. Betriebswirtschaftlich waren die Investitionskosten in entsprechende Eigenerzeugungskapazitäten zu hoch. Deshalb blieben sie an den Konsortialversorger und dessen Preissetzung gebunden. Zu dieser Zeit stand für die Energiepolitik der Aspekt der Versorgungssicherheit im Vordergrund. Die Marktstruktur der Konsortialgebiete sollte diese Versorgungssicherheit sicherstellen. Hinzu kam, dass viele Kommunen an den vor Wettbewerb geschützten Energieversorgern beteiligt waren.

Liberalisierung des Strommarktes

Seit Mitte der Neunzigerjahre verschob sich der politische Fokus hin zu einer kostengünstigeren Energieversorgung und der Schaffung eines europäischen Binnenmarktes. Um diese Ziele zu erreichen, wollte die Politik auch auf dem Strommarkt Wettbewerb schaffen. Die wirtschaftspolitische Überlegung hinter dieser Entwicklung ist, dass monopolistische Marktstrukturen keinen Wettbewerb organisieren. Sie leisten vielmehr ineffizienten Strukturen Vorschub. Die Folge dieser Strukturen sind hohe Preise für Stromverbraucher. Dies betrifft sowohl Wirtschaftsunternehmen als auch Privatkunden. Um die Stromwirtschaft aus diesen ineffizienten Strukturen zu lösen, machte die Europäische Kommission die Vorgabe, die Stromversorgung in eine marktwirtschaftliche Ordnung zu überführen. Für die Stromversorgungsbranche war die Einführung von Marktwirtschaft und Wettbewerb, also die Liberalisierung, ein bedeutender Paradigmenwechsel. Vormals durch Konsortialgebiete geschützte monopolistische Energieversorger mussten sich innerhalb weniger Jahre auf einen wachsenden Wettbewerb einstellen (Tab. 2.1).

Tab. 2.1 Monopol und Wettbewerb

Gebietsmonopol (Konsortialgebiet)	Wettbewerb (Liberalisierung)
Alle Stromkunden im Netzgebiet waren exklusiv an den verantwortlichen Stromversorger gebunden	Alle Stromkunden sind frei in der Lieferantenwahl
Stromerzeugung, Netzbetrieb und Energievertrieb von einem integrierten Energieversorger	Bundesweit über 1000 Lieferanten
Alle Informationen (Rechnungsdaten, Verbrauchsdaten etc.) in der Hand des Stromversorgers	Energienetze sind neutral und zugänglich für alle Lieferanten

1998 begann die Umsetzung der europarechtlichen Vorgaben zur Liberalisierung des Strommarktes in Deutschland. Jeder Stromversorger kann von nun an jeden Kunden bundesweit mit Strom beliefern. Jeder Stromkunde kann umgekehrt seinen Stromlieferanten frei wählen und ist nicht mehr an seinen örtlichen Versorger gebunden. Wie der Handel mit Strom so wurde auch die Stromproduktion in eine wettbewerbliche Ordnung überführt. Kern dieser wettbewerblichen Ordnung war die Schaffung von Großhandelsmärkten. Jeder Stromlieferant kann an diesen Großhandelsmärkten Strom von jedem Stromproduzenten beziehungsweise Stromhändler kaufen. Lediglich der Stromtransport (Netzbetrieb) verblieb als „natürliches Monopol" in der alten Marktstruktur des Regionalmonopols.

Netzbetrieb als natürliches Monopol

Volkswirtschaftlich ist es sinnvoller Stromnetze im Monopol zu betreiben, als verschiedene Netzanbieter in einen Wettbewerb treten zu lassen. Der Aufbau eines Stromnetzes und seine Unterhaltung sind ein sehr kostenintensiver Investitionsaufwand. Für Wettbewerber würde es sich nicht lohnen, eine parallele Netzstruktur aufzubauen und in Konkurrenz mit dem bestehenden Netz zu treten. Volkswirtschaftlich ist es deshalb effizienter, wenn nur ein Unternehmen das Gut „Stromnetzbetrieb" anbietet. Dem Netzbetrieb kommt somit eine wirtschaftliche und technische Ausnahmestellung zu.

Der Betrieb der Stromnetze unterliegt jedoch einer strengen regulatorischen Aufsicht durch den Gesetzgeber. Die staatliche Aufsicht des Netzbetriebes erfolgt durch die Bundesnetzagentur (BNetzA) (Abb. 2.3).

Exkurs: Die Ermittlung der Netzentgelte

Die Bundesnetzagentur legt seit 2009 die Netznutzungsentgelte nach der sogenannten Anreizregulierung fest. Diese Methode ist in der Stromwirtschaft nicht unumstritten. In diesem Verfahren analysiert die Behörde die Kosten aller Netzbetreiber. Diese setzen sich aus Kapital- und Betriebskosten zusammen. Um eine Vergleichbarkeit der Netzbetreiber herzustellen, identifiziert die BNetzA anhand von definierten Kriterien, zum Beispiel Besiedelungsdichte oder topografischen Gegebenheiten, kurze oder lange Leitungswege, die spezifischen Gegebenheiten eines Netzgebietes. Damit lassen sich die vom Netzbetreiber nicht beeinflussbaren Kostenbestandteile feststellen. Auf Basis dieser Kostenanalyse wird ein Kostenführer mit den niedrigsten Kosten ermittelt. Dieser ist der Kosten-Benchmark für die anderen Netzbetreiber. Sie erhalten eine Obergrenze sowohl für die Entgelte, die sie verlangen dürfen, als auch für ihre Gewinnmarge. Das Verfahren dieser Obergrenze ähnelt einem komplexen Wirtschaftsprüfungsverfahren. Die ermittelten Obergrenzen gelten für eine fünfjährige Regulierungsrunde. Der Anreiz für die Netzbetreiber besteht darin, die eigenen Kosten weiter zu senken als dies die Erlös- und Preisobergrenze vorgeben. Der dadurch entstehende

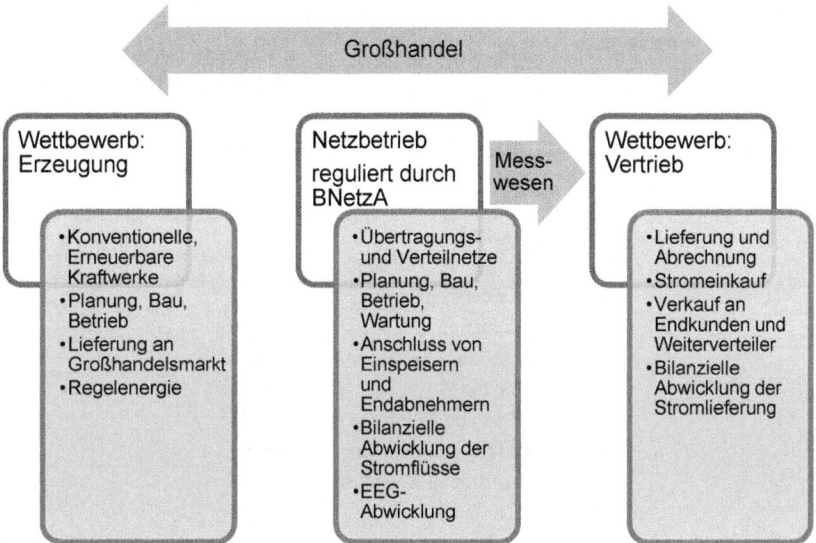

Abb. 2.3 Stromwirtschaft nach der Liberalisierung

Gewinn stellt einen Zusatzgewinn dar. Ziel der Anreizregulierung ist es, die Netzbetreiber, die in ihrem Netzgebiet Monopolisten sind, zum effizienten Wirtschaften anzuhalten. Die insgesamt sinkenden Kosten sollen sich für den Endabnehmer in sinkenden Netznutzungsentgelten widerspiegeln. Hauptkritikpunkt an dem Verfahren der Anreizregulierung ist, dass der Anreiz zur Kostensenkung zu sinkender Investitionsbereitschaft führen kann. Dadurch kann die Qualität des Netzbetriebs leiden.

Die Netznutzungsentgelte stellen eine Komponente des Endkundenpreises dar. Der jeweilige Netzbetreiber muss sie in ihrer jeweils gültigen Fassung auf seiner Homepage veröffentlichen. Die Höhe der Netznutzungsentgelte richtet sich dabei nach Verbrauchsmenge, Spannungsebene und Kundengruppe. Alle veröffentlichten Netzentgelte gelten für alle Kunden und sind nicht verhandelbar. Regional betrachtet variieren die Netzentgelte sehr stark und bilden daher einen unterschiedlichen Anteil an den Gesamtstromkosten. Die durchschnittlich höchsten Netzentgelte haben die Bundesländer Mecklenburg-Vorpommern, Brandenburg und Sachsen-Anhalt (Tab. 2.2). Dies hängt vornehmlich mit ihrer Besiedelungsdichte und ihrer Anzahl an Freileitungen zusammen. Zum einen tragen in Regionen mit geringer Besiedelungsdichte weniger Endabnehmer die Gesamtkosten, zum anderen sind in Regionen mit größeren Städten aus Platzgründen weniger Freileitungen installiert. Diese sind eher in ländlichen Regionen zu finden und in ihrer Wartung entsprechend teurer.

Das deutsche Stromnetz ist insgesamt 1,8 Mio. km. lang und damit deutlich länger als das Straßennetz mit circa 230.000 km.

Die Netzbetreiber stellen die gültigen Netznutzungsentgelte den Stromlieferanten in Rechnung. Diese leiten sie an den Kunden weiter. Zwei Ausnahmen gibt es von dieser Ver-

Tab. 2.2 Durchschnittliche Netznutzungsentgelte nach Bundesländern

Netznutzungsentgelte 2013	
Bundesland	Durchschnittliche Netznutzungsentgelte in Cent/kWh
Mecklenburg Vorpommern	9,29
Brandenburg	9,23
Sachsen-Anhalt	8,67
Thüringen	7,97
Sachsen	7,73
Schleswig-Holstein	7,12
Niedersachen	6,63
Hessen	6,56
Saarland	6,43
Bayern	6,43
Rheinland-Pfalz	6,28
Baden-Württemberg	6,09
Nordrhein-Westfalen	5,86
Hamburg	5,81
Berlin	5,57
Bremen	4,71
Bundesdurchschnitt	6,89

rechnungsvariante. Im Fall von Tarifverträgen kann ein abweichender Prozess erfolgen (Kap. 2). Zusätzlich besteht für Kunden mit größeren Stromabnahmemengen die Möglichkeit, direkt mit dem Netzbetreiber abzurechnen. Für mittelständische Unternehmen ist das in aller Regel nur eine theoretische Möglichkeit. Der administrative Aufwand würde nicht im Verhältnis zum Nutzen stehen.

Entflechtung von Netz und Vertrieb

Ein weiterer Bestandteil der Liberalisierung ist die gesellschaftsrechtliche und organisatorische Entflechtung von Netzbetrieb und Stromhandel beziehungsweise Stromvertrieb, das sogenannte Unbundling. Diese Entflechtung soll sicherstellen, dass jeder Stromlieferant seine Kunden diskriminierungsfrei auch in fremden Netzgebieten mit Strom beliefern kann. Unbundling bedeutet demnach, dass kein Stromlieferant oder Stromproduzent gleichzeitig auch Stromnetzbetreiber sein darf. Ausnahmen von dieser Unbundling-Verpflichtung gibt es nur für sehr kleine Netzbetreiber. Integrierte Energieversorger (EVU) mussten im Rahmen der Liberalisierung ihren Netzbetrieb entweder verkaufen oder in bilanziell und organisatorisch getrennten Geschäftseinheiten auslagern.

Praxisbeispiel: Verstoß gegen die Unbundling-Pflicht

Kundenunternehmen A betreibt 15 Großwäschereien an verschiedenen Standorten. Der Stromlieferant von A ist der überregionale Stromlieferant B. An einem Standort von A treten ohne ersichtlichen Grund bei der Strommessung Leistungsspitzen auf, welche er dem Netzbetreiber gegenüber reklamiert. Der zuständige Netz- und Messstellenbetreiber ist das örtliche Stadtwerk C, welches neben dem Stromnetzbetrieb auch im Stromvertrieb tätig ist. Der Ansprechpartner des Stadtwerkes bietet A an, auf die Abrechnung der Leistungsspitzen zu verzichten, wenn A sich wieder für C als Stromlieferant entscheidet. Es handelt sich hierbei um einen Verstoß gegen die Unbundling-Vorschrift. C versucht, seine Position als Netzbetreiber zum Vorteil des eigenen Stromvertriebes auszunutzen. A kann den Verstoß der Bundesnetzagentur melden.

Einführung eines Stromgroßhandelsmarktes

Der Kernbestandteil der Strommarktliberalisierung ist die Implementierung eines Großhandelsmarktes für Strom, der prinzipiell anderen Großhandelsmärkten ähnelt. An diesen Märkten können sich Wiederverkäufer (Einzelhändler) oder auch Großverbraucher mit dem gehandelten Gut eindecken. Hier können Stromversorger die Strommengen kaufen und verkaufen, welche sie für die Belieferung ihrer Kunden benötigen.

Vor der Liberalisierung bestand keine Notwendigkeit für einen institutionalisierten, transparenten Stromhandel. In den Konsortialgebieten waren die örtlichen Versorger von der Erzeugung beziehungsweise Beschaffung über den Transport bis hin zu Lieferung zuständig. Die Lieferung lief vom Kraftwerk bis zum Zählpunkt aus einer Hand. Verfügte der Stromversorger nicht über ausreichend eigene Erzeugungskapazität, um den im Konsortialgebiet auftretenden Strombedarf zu decken, so schloss er mit anderen Stromversorgern bilaterale Lieferverträge.

Der Großhandelsmarkt wird oft als der Motor des Wettbewerbs am Strommarkt bezeichnet. Dieser Markt bringt Angebot und Nachfrage von Strom zusammen und bildet den aktuellen Großhandelspreis für Strom. Um diesen Markt funktionsfähig zu halten, ist es erforderlich, ein hohes Maß an Transparenz zu schaffen. Der Zugang zu fundamentalen Daten bezüglich Netzauslastung und Kraftwerksverfügbarkeit ist für die Funktionsfähigkeit des Marktes entscheidend. Nur wenn diese

Markttransparenz gegeben ist, kann sich ein Preis bilden, welcher die tatsächlichen Marktgegebenheiten abbildet und nicht verzerrt ist.

Lenkungswirkung des Großhandelspreises

Dieser durch Angebot und Nachfrage gebildete Strompreis hat für unser Stromversorgungssystem und damit für unsere Volkswirtschaft eine entscheidende Bedeutung. Im Rahmen einer marktwirtschaftlichen Ordnung hat der Großhandelspreis eine Lenkungswirkung für die Investition in Erzeugungskapazitäten. Stromproduzenten entscheiden anhand dieses Preises, in welcher Form und in welchem Zeitrahmen sie in Kraftwerkskapazitäten investieren. Dies wiederum hat eine Rückwirkung auf die Angebots-Nachfrage-Situation. Ein steigender Preis deutet auf Knappheit hin und gibt dem Stromproduzenten den Anreiz, in Erzeugungskapazitäten zu investieren. Die Frage nach einem rationalen Großhandelspreis ist eine der großen Fragen der Wirtschaftswissenschaften. Es gibt zwei Indizien, welche auf eine rationale Preisfindung hindeuten:

• Die Anzahl der Marktteilnehmer
• Die Liquidität des Marktes

Grundsätzlich gilt: Je mehr Handelsteilnehmer an einem Markt partizipieren, desto höher ist die Wahrscheinlichkeit, dass die Preisbildung der fundamentalen Situation entspricht. Je mehr Marktteilnehmer desto höher ist die Aussagekraft des Preises.

Liquidität bedeutet die Anzahl der Transaktionen sowie die gehandelten Mengen auf einem Markt. Die Liquidität steigt in aller Regel mit der Anzahl der Marktteilnehmer. Beide Faktoren, eine hohe Anzahl an Marktteilnehmern und eine hohe Liquidität, entwickeln sich erst mit der Zeit in einem Markt.

Grenzüberschreitender Stromhandel

Die Teilnehmer müssen zunächst Vertrauen in einen Markt fassen. Der Großhandelsmarkt ist nicht nur der Motor der Liberalisierung sondern auch ein wichtiger Bestandteil des europäischen Binnenmarktes für Strom. Es ist das erklärte Ziel, einen einheitlichen EU-Binnenmarkt zu schaffen. Dieses Ziel leitet sich aus dem Grundsatz der Warenfreiheit ab. Die europäischen Teilmärkte wachsen permanent zusammen und sukzessive bildet sich ein einheitlicher europäischer Markt. Über

Grenzkuppelstellen kann der Strom über Ländergrenzen hinweg fließen. Neben dem offenen Netzzugang und dem Ausbau der Grenzkuppelstellen, ist die wachsende Verflechtung der europäischen Großhandelsmärkte der wesentliche Faktor, um einen einheitlichen europäischen Strommarkt zu schaffen. Bezogen auf die europäische Vision ist dies der Beitrag der Energiewirtschaft zur europäischen Einigung.

Weltweit gibt es eine ganze Reihe an liquiden Großhandelsmärkten für Energie. Bekannte Beispiele sind die New York Mercantile Exchange (NYMEX) in New York und die International Petroleum Exchange (IPE) in London. Innerhalb der Europäischen Union gibt es weitere Beispiele für gut funktionierende Energiehandelsplätze. Von Bedeutung sind dabei die Amsterdam Power Exchange (APX) (Niederlande), die Powernext (Frankreich) oder die GMW (Italien). In Deutschland ist es die European Energy Exchange (EEX) mit Sitz in Leipzig. Wegen der zentralen geografischen Lage und der Marktgröße hat sich der deutsche Großhandelsmarkt als der Referenzmarkt innerhalb Europas etabliert.

Konvergenz der Energiemärkte

An den meisten Energiegroßhandelsmärkten werden neben Strom mehrere Energierohstoffe (Commodities) gehandelt. Häufig sind dies neben Strom Erdgas, Rohöl oder Kohle. Auch an der deutschen Energiebörse, EEX, können die Handelsteilnehmer neben Strom auch Gas, Kohle und CO_2-Emissionsberechtigungen handeln. Aus energiewirtschaftlicher Sicht ist dies sinnvoll, da bei der Preisbildung der einzelnen Energierohstoffe Wechselwirkungen bestehen (Konvergenz). Deshalb hängt in Deutschland der Strompreis nicht zuletzt auch von der Preisentwicklung für Kohle oder CO_2-Emissionsberechtigungen ab.

Der Großhandelsmarkt für Strom findet auf zwei Ebenen statt, die in den folgenden Abschnitten erläutert werden. Eine Ebene ist der sogenannte „Over-the-Counter"(OTC)-Handel. Die andere Ebene ist der Handel über die Strombörse.

„Over-the-Counter"-Handel (OTC-Handel)

Beim OTC-Handel wird die Strombörse umgangen, weshalb auch vom Freiverkehr gesprochen wird. Der OTC-Handel findet in der Regel bilateral zwischen den Handelspartnern statt. Der außerbörsliche Handel geht der Etablierung eines Börsenhandels voraus. So handelten auch in Deutschland in der Frühphase nach der Liberalisierung 1998 die Trader der beteiligten Handelspartner die ersten

Stromhandelsgeschäfte bilateral per Telefon aus. Mit steigendem Handelsvolumen stiegen vermehrt Handelsbroker in den Markt ein. Sie etablierten elektronische Handelsplattformen, auf denen sie die Geschäfte noch schneller abwickeln konnten. Der Wettbewerb unterschiedlicher Handelsplattformen sicherte günstige Transaktionsgebühren. Bis heute findet der größte Teil (circa 75 %) des deutschen Stromhandels über den OTC-Markt statt. In den 16 Jahren seit der Liberalisierung hat sich mehr und mehr Handelsvolumen weg vom OTC-Markt hin zur Börse verschoben. Jedoch wird es nach Expertenmeinung keine mehrheitliche Verschiebung zugunsten der Börse geben, da an ihr lediglich sogenannte Standardprodukte (siehe Standardprodukte des Stromhandels) gehandelt werden. An den OTC-Märkten gibt es eine breitere Produktpalette. Die beiden Handelspartner können bilateral die Inhalte (Preis, Menge, Lieferzeit) des Handelsgeschäfts flexibel aushandeln. An der Börse dagegen ist der Handelspartner anonym. Es kann keine direkte Verhandlung zwischen den Handelspartnern stattfinden.

Über den OTC-Markt ist es den handelnden Energieversorgungsunternehmen möglich, spezifische Lastgangprofile einzukaufen beziehungsweise zu bepreisen. Dies ist an der Börse nicht möglich.

Strombörse – European Energy Exchange (EEX)

Im Zuge der Liberalisierung und der Entwicklung eines liquiden OTC-Marktes für Strom folgte der Ruf nach der Gründung einer Strombörse als zentraler Stromhandelsplatz in Deutschland. 2001 begann daher in Leipzig die Leipzig Power Exchange (LPX) und in Frankfurt die European Energy Exchange (EEX) den Handel. Aus Synergiegesichtspunkten schlossen sich 2002 beide Börsen zur heutige European Energy Exchange (EEX) mit Sitz in Leipzig zusammen. Das Handelsvolumen der EEX hat sich seit der Gründung sehr positiv entwickelt (Tab. 2.3).

Inzwischen ist die EEX der größte Handelsplatz für Strom in Kontinentaleuropa.

Im Laufe der Zeit hat die EEX weitere Energierohstoffe in ihre Handelspalette aufgenommen. Aktuell können neben Strom, Gas und Kohle auch Emissionszertifikate über die europäischen Grenzen hinweg gehandelt werden.

Tabelle 2.4 zeigt die Unterschiede von OTC und EEX auf.

Terminmarkt und Spotmarkt

Sowohl an der EEX als auch im OTC-Handel gibt es zwei Marktsegmente:

Tab. 2.3 Handelsvolumen EEX. (Quelle: www.eex.com)

Handelsvolumen EEX in Terawattstunden (TWh) in den Jahren 2002 bis 2013

Jahr	Terminmarkt	Spotmarkt
2002	119	31
2003	432	49
2004	338	60
2005	517	86
2006	1.044	89
2007	1.150	124
2008	1.165	154
2009	1.025	203
2010	1.208	279
2011	1.015	309
2012	931	339
2013	1.266	345

- Terminmarkt
- Spotmarkt

Die Segmente unterscheiden sich bezüglich der Fristigkeit der abgeschlossenen Handelsgeschäfte. Über den Spotmarkt kann zum Beispiel Strom für den Folgetag beziehungsweise für den nächsten Werktag (Day-Ahead) oder für denselben

Tab. 2.4 Vergleich OTC und EEX

OTC	EEX
Keine festen Handelszeiten	Feste Handelszeiten
Verkäufer und Käufer sind Vertragspartner	Vertragspartner ist die Börse
Bilateraler Handel	Hohe Anzahl von Marktteilnehmern bzw. gewisses Maß an Liquidität ist erforderlich
Individuelle Produktgestaltung	Handel von Standardprodukten
Marktteilnehmer übernehmen Ausfallrisiko	Börse übernimmt Ausfallrisiko, verlangt jedoch eine Sicherheitshinterlegung (Initial Margin)
Intransparent, da der Handel bilateral bzw. über Broker stattfindet	Hohes Maß an Transparenz

Tab. 2.5 Vergleich Terminmarkt und Spotmarkt

Terminmarkt	Spotmarkt
Langfristige Absicherung	Kurzfristige Optimierung
Spekulation, da Zeitverzug zwischen Abschluss und Erfüllung	Keine Spekulation, da Angebot und Nachfrage direkt aufeinandertreffen

Tag (Intraday) eingekauft werden. Der Terminmarkt ermöglicht Geschäfte über längerfristige Lieferungen, zum Beispiel für Monate, Quartale oder Jahre. Beide Marktsegmente dienen unterschiedlichen Zwecken. Am Terminmarkt können die Handelsteilnehmer ihre Geschäfte für weiter in der Zukunft liegende Lieferungen preislich absichern („hedgen"). Der Käufer weiß dabei, wie viel er für die zukünftige Lieferung zahlen muss, und der Verkäufer, wie viel Geld er für seine in der Zukunft liegende Produktion erhält. Der Terminmarkt dient daher der Planungssicherheit beider Seiten.

Im Spotmarkt stellen die Marktteilnehmer kurzfristige Überschussmengen oder Unterdeckungen glatt. Der Spotmarkt dient der Flexibilisierung der Handelsgeschäfte (Tab. 2.5). Obwohl mittelständische Unternehmen in aller Regel nicht direkt am Großhandelsmarkt teilnehmen, ist die Unterscheidung in Termin– und Spotmarkt auch für sie interessant. Die von den Energieversorgern angebotenen Beschaffungsprodukte beziehungsweise Beschaffungsstrategien machen die Unterscheidung für den Endkunden relevant. Vor allem durch die Energiewende ergeben sich interessante Möglichkeiten, von den Marktveränderungen zu profitieren (Kap. 3).

Standardprodukte des Stromhandels

Das Nachfrageverhalten am Strommarkt ist stark geprägt durch ein zeitlich differenziertes Lastverhalten der Stromabnehmer. Das heißt, dass über den Tag sowie die Woche hinweg der Strombedarf unterschiedlich hoch ist. Um dieses Lastverhalten zu berücksichtigten, unterscheiden sich die an der Börse gehandelten Standardprodukte in der zeitlichen Länge ihrer Lieferung. Um den Handel zu vereinfachen, werden sogenannte Blockprodukte gehandelt. Die Standard-Blockprodukte sind:

- Baseload
- Peakload
- Off-Peakload

Ein 24-Stunden-Baseload-Block (Grundlast) umfasst die Stromlieferung mit einer konstanten Leistung von 0:00 Uhr bis 24:00 Uhr. Die Handelseinheit sind 24 MW je Stunde (MWh). Je Stunde entspricht dies somit einer Leistung von einem Megawatt (1 MW). Das Standardprodukt deckt die elektrische Grundlast eines kompletten Tages ab. Tagsüber verändert sich jedoch das Stromnachfrageverhalten. Die Nachfragekurve steigt an. Um diesem Umstand Rechnung zu tragen, gibt es ein weiteres Standardprodukt. Den Zeitraum von 8:00 Uhr bis 20:00 Uhr an Werktagen decken Peakload-Blöcke (Spitzenlast) ab. Die Handelseinheit der Peakload-Blöcke sind 12 MWh. Je Stunde entspricht dies ebenfalls einer konstanten Leistung von 1 MW. Des Weiteren gibt es noch Off-Peakload-Blöcke. Zeitlich umfassen diese die Zeiträume vor und nach den Peakload-Lieferungen. Entsprechend von 0:00 Uhr bis 8:00 Uhr und von 20:00 bis 24:00 Uhr beziehungsweise an den Wochenendtagen (Abb. 2.4).

Neben diesen Stundenblöcken können Handelsteilnehmer noch Einzelstundenkontrakte handeln. Auf diese Weise können Stromlieferanten die individuelle Nachfrage eines Kundenunternehmens abbilden.

Die einzelnen Standardprodukte haben an den Großhandelsmärkten unterschiedliche Preise. Dic Preise spiegeln gemäß dem Gesetz von Angebot und Nachfrage die über den Tag verteilte unterschiedlich anfallende Nachfrage wider. So ist ein Peakload-Block teurer als ein Baseload-Block. Zwar besteht eine Konvergenz zwischen beiden Standardprodukten, doch kann sich die Preisdifferenz zwischen Base und Peak verändern (Abb. 2.5).

Diese Entwicklungen sind für die Auswahl der richtigen Beschaffungsstrategien interessant (Kap. 3). Die unterschiedliche Bepreisung der Standardprodukte ist für die Strompreisbildung für den Endkunden von Bedeutung. Je nach individuellem Verbrauchsverhalten des Kunden liegt der Großteil seines Strombedarfs in den teuren Peakload-Stunden. Im Wesentlichen legt die Branchenzugehörigkeit das individuelle Nachfrageverhalten fest. Der klassische Bürobetrieb hat ein anderes Lastverhalten als der mittelständische Maschinenbauer mit Zweischichtbetrieb. Dies wiederum führt zu einer unterschiedlichen Strompreisbildung. Der Energie-

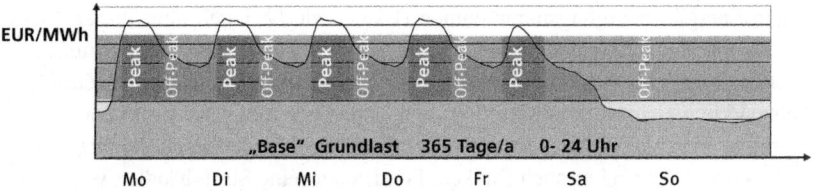

Abb. 2.4 Standardhandelsprodukte

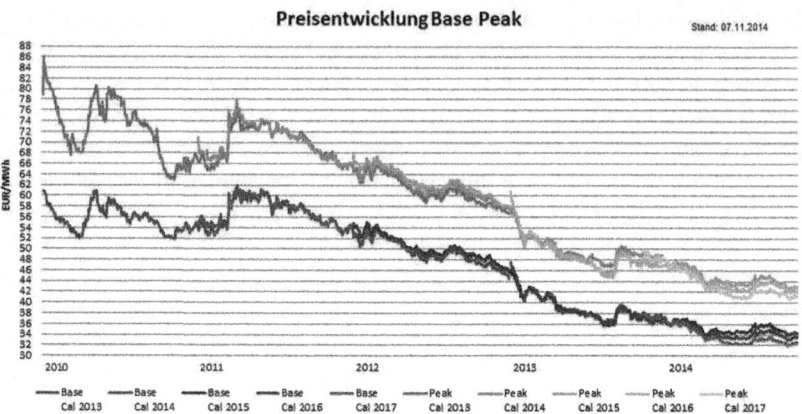

Abb. 2.5 Preisentwicklung Base und Peak

versorger muss unterschiedliche Standardprodukte an den Großhandelsmärkten kaufen, um das Lastverhalten unterschiedlicher Kunden abzubilden (siehe Exkurs „Der Lastgang").

Um kleineren und mittelständischen Unternehmen die Preisentwicklungen an den Großhandelsmärkten zu erklären, nehmen Energieversorger häufig den Baseload-Preis als Referenzpreis. Im Sinne der Vereinfachung von komplexen Zusammenhängen ist diese Darstellung des Baseload-Preises als Referenzpreis durchaus sinnvoll. Jedoch gilt es für die Kundenunternehmen zu beachten, dass die Preisdifferenz zwischen Base und Peak variieren kann. Der Preis für eine Baseload-Ladung kann stärker steigen als der für eine Peakload-Ladung. Das Kapitel über Beschaffungsprodukte (Kap. 3) thematisiert dies nochmal im Detail.

Akteure am Großhandelsmarkt

Die wesentlichen Akteure am deutschen Stromgroßhandelsmarkt sind die klassischen Energieversorgungsunternehmen (EVU). Sie beziehen über diesen Markt die Strommengen, welche sie benötigen, um den Strombedarf ihrer Kunden zu decken. Energieversorger mit eigenen Erzeugungskapazitäten nutzen die Großhandelsmärkte gleichzeitig, um ihre Erzeugungsmengen möglichst profitabel zu vermarkten. Sie sind an der physischen Erfüllung der Handelsgeschäfte interessiert. Neben den EVU sind es auch Banken, Fonds oder reine Stromhändler, welche am Markt agieren. Im Gegensatz zu den Energieversorgern sind diese Marktteilnehmer auf die Erzielung von Spekulationsgewinnen mit Handelsgeschäften ausgerichtet. Sie sind nicht an der physischen Erfüllung der Stromlieferung interessiert. Mit ihren Geschäften bringen sie Liquidität in den Markt und unterstützen somit die rationale Preisbildung.

Etwa 50 bis 60% der Marktteilnehmer sind internationale Player. Dieser hohe Anteil verdeutlicht das internationale Vertrauen in den deutschen Strommarkt.

Teilweise sind auch Industriekonzerne mit sehr großen Verbrauchsmengen direkt als Marktteilnehmer tätig. Obwohl mittelständische Unternehmen nicht unmittelbar als Marktteilnehmer auftreten, sind die Vorgänge und Mechanismen an den Großhandelsmärkten auch für sie von Relevanz. Der Großhandelsmarkt ist die Grundlage für die Strompreisbildung für Unternehmen. Um eine ganzheitliche Strombeschaffungsstrategie für ein Unternehmen zu implementieren, ist ein Grundverständnis der am Markt gültigen Preisbildungsmechanismen erforderlich. Diese Mechanismen werden im Folgenden näher beschrieben. Daneben zeigt der folgende Abschnitt den Zusammenhang zwischen Großhandelspreis und Endkundenpreis für das Unternehmen.

2.2 Die Mechanismen der Strompreisbildung

Wie für andere Märkte gilt auch für den Großhandelspreis das Prinzip von Angebot und Nachfrage. Wesentliche kurz- bis mittelfristige Einflussfaktoren in Deutschland und im übrigen Kontinentaleuropa sind die Wetterbedingungen, die Rohstoffpreise und die Preise für Emissionsberechtigungen. An den kontinentaleuropäischen Strombörsen weisen die Preisverläufe ähnliche Verläufe auf. Dies ist ein Beleg für das Zusammenwachsen der europäischen Teilmärkte. Größere Preisdifferenzen gibt es noch zu den skandinavischen Strommärkten. Der dortige Strommix basiert zu einem wesentlichen Teil auf Wasserkraft. Im übrigen Europa setzt sich der Strommix primär aus Kernkraft, Kohle, Gas Windkraft und Photovoltaik zusammen.

Der Strommix ist die Zusammensetzung der Stromerzeugungsquellen.

Werden der kontinentaleuropäische und der skandinavische Markt in Zukunft durch Stromleitungen, sogenannte Konnektoren, zunehmend physisch miteinander verbunden, wird es auch zwischen diesen Märkten zu deutlichen Preiskorrelationen kommen.

Langfristig existieren weitere Einflussfaktoren auf die Stromgroßhandelspreise. Die konjunkturelle Entwicklung wirkt sich auf die Stromnachfrage und damit auf die Preisbildung aus. Eine höhere wirtschaftliche Dynamik geht oftmals mit einem steigenden Bedarf an Strom einher. Daneben sind politische Entscheidungen über die Rahmenbedingungen für den Zu- beziehungsweise Abbau von Erzeugungskapazitäten ein langfristiger Einflussfaktor. Diese beeinflussen die Angebotsseite.

Insgesamt gibt es zahlreiche Einflussfaktoren. Sie machen deutlich, wie komplex der Strommarkt mit den politischen und wirtschaftlichen Entwicklungen einer Volkswirtschaft verbunden ist.

Volatile Großhandelspreise

Die Großhandelspreise für Strom sind hochvolatil. Im Jahr 2009 betrug der durchschnittliche Preis für eine Megawattstunde Baseload-Lieferung Strom 49,30 €. 2008 waren es noch 70,33 €. Heute sind es etwa 34 €.

Strom ist nur sehr beschränkt speicherfähig. Die Preise für Strom können daher innerhalb eines Tages stark schwanken. Hohe Temperaturen führen dazu, dass Klimaanlagen verstärkt laufen. Dies wirkt nachfragesteigernd und lässt den Preis steigen. Gleichzeitig gehen hohe Temperaturen oftmals mit hoher Photovoltaikproduktion einher. Diese wiederum erhöht das Angebot und wirkt sich auf die Preise aus. Ebenso wirken starke Windkrafteinspeisungen angebotssteigernd und dämpfen den Strompreis. Immer wieder müssen Kraftwerke aufgrund von Wartungsbedarfs oder technischer Störfälle unerwartet ihre Produktion reduzieren. Dies wirkt preissteigernd. Die Beispiele zeigen die komplexen Wirkmechanismen, welche sich oftmals überlagern und den Strompreis beeinflussen. Bereits Gerüchte, zum Beispiel zu Kraftwerksabschaltungen, können starke Preisreaktionen am Großhandelsmarkt hervorrufen (Abb. 2.6).

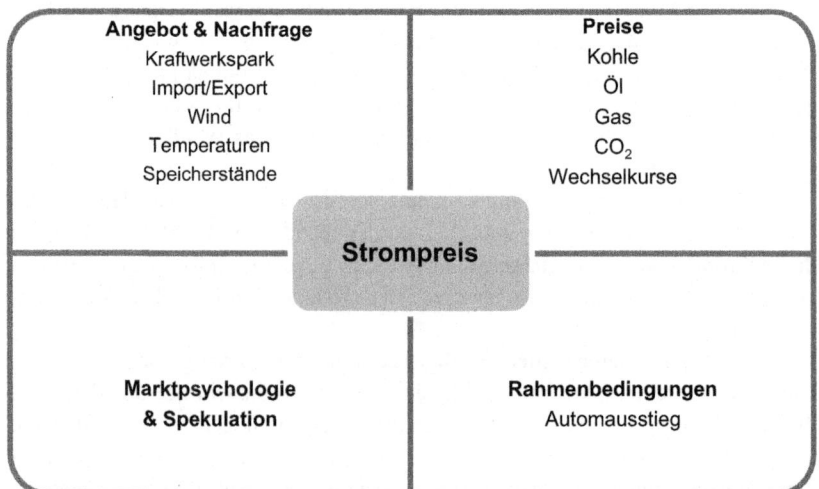

Abb. 2.6 Einflussfaktoren Großhandelspreis Strom

Vom Anfang der Liberalisierung 1998 bis heute haben die Großhandelspreise für Strom stark geschwankt. Zu Beginn starteten die Strompreise auf einem relativ niedrigen Niveau. Für Investoren lohnten sich auf diesem Niveau keine Investitionen in neue Kraftwerke. Ab dem Jahr 2003 stiegen die Preise. Die Gründe für diesen starken Aufwärtstrend waren im Wesentlichen die Rohstoffhausse, hervorgerufen durch die sich erholende Weltwirtschaft und die knappen Stromerzeugungskapazitäten. Ab 2005 kam die Wirkung des Emissionshandels hinzu. Im Rahmen eines EU-weiten Emissionshandelssystems (EU Emission Trading Scheme (EU ETS)) bekommen energieintensive Anlagen (Kraftwerke, Industrieanlagen) aus Industrie und Energiewirtschaft staatlich festgelegte Mengen an Emissionsrechten zugeteilt.

Zugeteilt werden Zertifikate, welche zum Ausstoß einer bestimmten Menge CO_2 berechtigen. Reicht die zugeteilte Menge nicht aus, muss der Anlagenbetreiber die Zusatzmengen auf einem Markt für Emissionszertifikate nachkaufen.

Die Kraftwerksbetreiber preisen die Co_2-Zertifikate als eine Art weiterer Brennstoff in ihre Preise ein.

Dieser Preisanstieg hielt bis zum Platzen der US-Immobilienblase und dem Beginn der Weltwirtschaftskrise 2008 an. In diesem Jahr erreichte der Preis für eine Baseload-Lieferung einen historischen Höhepunkt von knapp 90 €/MWh. Innerhalb eines Jahres danach fiel er auf etwa die Hälfte. Die Großhandelspreise entwickelten sich seitdem in einem sich verstärkenden Abwärtstrend nach unten. Auch der Beschluss der Bundesregierung im Frühjahr 2011 zum Kernkraftausstieg und damit Erzeugungskapazität aus dem Markt zu nehmen, stützte die Preise nicht nachhaltig. Der Preisverfall setzte sich fort auf heute etwa 33 €/MWh Baseload für eine Lieferung im Folgejahr (Frontjahreslieferung). Inzwischen hat diese Preisentwicklung dramatische Folgen und gefährdet die Stabilität des Stromversorgungssystems. Der Grund für diese Entwicklung ist die Energiewende. Der folgende Abschnitt stellt diesen Zusammenhang dar. Hierbei ist der Begriff „Merit Order" wichtig, um die Strompreisbildung und die Auswirkungen der Energiewende auf den Großhandelspreis zu verstehen.

System der „Merit Order"

Es ist technisch nicht möglich, dass der gesamte Kraftwerkspark, also alle installierten Kraftwerke, gleichzeitig Strom in das Netz einspeisen. Entscheidend für die Reihenfolge, in der Kraftwerke einspeisen dürfen, sind die Grenzkosten der einzelnen Kraftwerke. Die Kraftwerksgrenzkosten sind die Kosten, welche bei der Produktion einer zusätzlichen Einheit elektrischer Energie entstehen. Im Falle von konventionellen Kraftwerken sind dies zu einem wesentlichen Teil die variablen Brennstoffkosten. Anhand der jeweiligen Grenzkosten werden die Kraftwerke aufgereiht. Das Kraftwerk, welches am Großhandelsmarkt Strom zu den niedrigsten Grenzkosten anbietet, kommt zuerst zum Einsatz. Entsprechend setzt sich die Reihenfolge fort. Die Strompreisbildung erfolgt nun entlang der Kraftwerksreihenfolge. Es werden alle Kraftwerke zugeschaltet, bis die durch alle in- und ausländischen Stromkunden nachgefragte Strommenge bedient werden kann. An diesem Punkt schneiden sich Stromangebot und Stromnachfrage. Preissetzend ist das letzte Kraftwerk, welches noch benötigt wird, um den Strombedarf zu decken. Den Preis dieses Kraftwerks erhalten ebenfalls alle anderen zugeschalteten Kraftwerke (Abb. 2.7). Die Ausnahme bilden dabei die Betreiber von Anlagen erneuerbarer Energien. Hierzu im folgenden Abschnitt mehr.

Für die verschiedenen konventionellen Kraftwerkstypen gilt folgende Grenzkostenreihenfolge: Kernkraftwerke weisen die niedrigsten Grenzkosten auf. Danach kommen die Braunkohlekraftwerke gefolgt von den Steinkohlemeilern. Zuletzt folgen die Gaskraftwerke mit relativ hohen Brennstoffkosten. Ist der Strombedarf niedrig, ist der Betrieb von Kernkraftwerken und bestimmten Braunkohlemeilern in Verbindung mit den erneuerbaren Energien ausreichend. In Zeiten einer

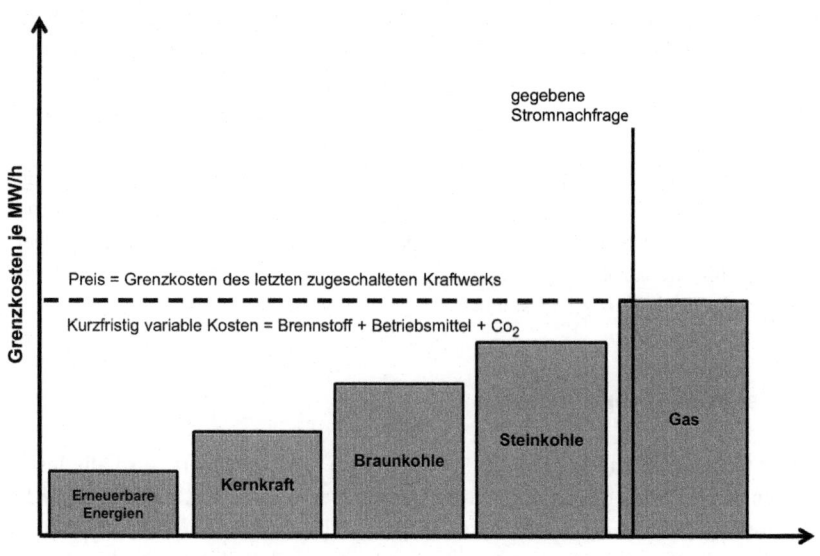

Abb. 2.7 Preisbildung der „Merit Order"

hohen Stromnachfrage müssen gegebenenfalls noch die teureren Gaskraftwerke einspeisen, um eine Bedarfsdeckung zu erreichen. Deren höheren Preis erhalten dann auch die Kern- und Steinkohlekraftwerke, welche mit deutlich niedrigeren Grenzkosten produzieren. Dieser Preis ist entscheidend für das Stromversorgungssystem. Er hat Signalwirkung für Investoren, wie und in welcher Form sich Investitionen in Erzeugungskapazitäten lohnen.

Dieser Preisbildungsmechanismus ist das System der „Merit Order". Es handelt sich um ein effektives Instrument, um Wettbewerb auch auf dem Stromerzeugungsmarkt zu schaffen. Moderne, effiziente Kraftwerke sollen alte, ineffiziente Kraftwerke ersetzen. Die Energiewende mit dem starken Ausbau der erneuerbaren Energien hat erhebliche Auswirkungen auf dieses System. Sie stellt das System der „Merit Order" gewissermaßen auf den Kopf. Damit verzerrt sie auch die Signalwirkung des Großhandelspreises für die Investition in Kraftwerkskapazitäten.

Einfluss der Energiewende auf die Strompreisbildung

Der Ausbau der erneuerbaren Energien ist ein wesentlicher Bestandteil der Energiewende. Für die Strompreisbildung in dem Merit-Order-System ergeben sich verschiedene Konsequenzen. Die erneuerbaren Energien unterscheiden sich wesentlich von den konventionellen Kraftwerken. Photovoltaik und Windkraft benötigen keine Brennstoffe und können sich mit Grenzkosten von nahe 0 € in der Merit Order positionieren. Diese niedrigen Grenzkosten bedeuten jedoch nicht, dass die erneuerbaren Energien kostenlos Strom produzieren. Ihre Kosten stecken in einem vergleichsweise hohen Fixkostenblock. Ein Blick auf die Investitions- und Wartungskosten, also die Gesamtkosten, zeigt, dass die erneuerbaren Energien je erzeugte Einheit elektrische Energie noch teurer sind als konventionelle Großkraftwerke. Hohe Fixkosten sind für die Strompreisbildung über die Merit Order jedoch ohne Belang. Die erneuerbaren Energien reihen sich in der Merit-Order-Reihenfolge bildlich ganz vorne links ein. Sie drängen die konventionellen Kraftwerke mit hohen Grenzkosten nach hinten. Die teuren Kraftwerke werden zuerst aus dem Markt „geschoben".

Die reine Berücksichtigung der Grenzkosten wirkt somit preisverzerrend zum Vorteil der erneuerbaren Energien. Hinzu kommt, dass das Erneuerbare-Energien-Gesetz (EEG) einen Einspeisevorrang der erneuerbaren Energien vorsieht. Die Regelung verpflichtet die Netzbetreiber, den Strom aus erneuerbaren Energien vorrangig vor dem Strom konventioneller Kraftwerke abzunehmen. Dies reduziert die Einsatzstunden der konventionellen Kraftwerke und deren Chance, ihre eigenen Kosten zu erwirtschaften.

Die Kombination bezüglich den erneuerbaren Energien aus

1. massivem Zubau
2. Grenzkosten nahe 0
3. Einspeisevorrang

hat folgende direkte Auswirkungen auf die Strompreisbildung.

Krise des Stromversorgungssystems

Durch die Stromangebotserhöhung und die niedrigen Grenzkosten senken die erneuerbaren Energien die Großhandelspreise und drücken die teuren konventionellen Kraftwerke aus dem Markt. Beides sind gewünschte Effekte. Für das Stromversorgungssystem im Ganzen ergeben sich jedoch einschneidende Konsequenzen. Sie gefährden die Funktionsfähigkeit des Systems. Die konventionellen Kraftwerke haben immer weniger Einsatzstunden, in denen sie immer weniger Geld verdienen. Für die Betreiber ist ihr Betrieb zunehmend unwirtschaftlich.

Gleichzeitig haben erneuerbare Energien noch einen wesentlichen Nachteil im Vergleich mit den konventionellen Kraftwerken. Sie produzieren in Abhängigkeit von Wind und Wetter unstetig und nicht steuerbar. Bei guten Wetterbedingungen können sie fast den kompletten Strombedarf abdecken. Konventionelle Kraftwerke müssen in diesen Zeiten nicht laufen. Zu anderen Zeiten, in denen Windstille und Bewölkung herrscht, die sogenannte „dunkle Flaute", müssen die konventionellen Kraftwerke einspringen und den Bedarf decken. Solange Strom nicht speicherbar ist, benötigt das System somit den konventionellen Kraftwerkspark, um die schwankende Produktion der erneuerbaren Energien auszugleichen.

Marktdesign des „Energy-Only"-Marktes

Das bestehende Marktdesign ist ein sogenannter „Energy-Only"-Markt. Kraftwerke verdienen Geld mit dem Verkauf von Strom (Energie). In Zeiten der Energiewende können Sie mit diesem Verkauf jedoch nicht ausreichend Geld verdienen, um sich zu finanzieren. Ihre Fähigkeit, gesicherte Leistung für Nachfragespitzen im Bedarfsfall bereitstellen zu können, bleibt unberücksichtigt.

Eine Alternative beziehungsweise eine Ergänzung zu diesem bestehenden Marktdesign ist ein sogenannter „Kapazitätsmechanismus". Dieser berücksichtigt, dass steuerbare Kraftwerke nicht nur produzierten Strom als Ware anbieten, sondern auch das Produkt „sichere und regelbare Stromerzeugung". Dies ist die

Dienstleistung „Versorgungssicherheit". Diese Eigenschaft ist nach Auffassung der Befürworter eines Kapazitätsmechanismus für die Funktionsfähigkeit des Gesamtsystems zwingend erforderlich. Mit einem solchen Kapazitätsmechanismus wird das Bereitstellen von Kapazität vergütet. In Politik, Wissenschaft und Wirtschaft wird die Einführung eines Kapazitätsmechanismus als Ergänzung zum bestehenden „Energy-Only"-Markt diskutiert. Doch gibt es noch viele technische, rechtliche und ökologische Fragen zu klären. So manifestiert ein Kapazitätsmechanismus die Doppelstruktur von erneuerbarem und konventionellem Kraftwerkspark. Dies kann dauerhaft zu erheblichen Mehrkosten des Gesamtsystems führen, welche letztendlich von den Stromkunden zu tragen sind.

Unterschied von Großhandelspreis und Endkundenpreis

Der Großhandelspreis von Strom ist zu unterscheiden vom Endkundenpreis, welchen Unternehmen für die Versorgung mit Strom zu bezahlen haben. Am Großhandelsmarkt können sich Energieversorgungsunternehmen und Energiehändler mit Strom eindecken. Der Preis, welchen sie dafür bezahlen, weicht von dem Preis ab, welchen Wirtschaftsunternehmen als Endabnehmer je Kilowattstunde bezahlen. Er liegt deutlich über dem Großhandelspreis. Der folgende Abschnitt erläutert den Zusammenhang von Endkundenpreis und Großhandelspreis.

Die Endkundenpreise für Strom liegen ähnlich den Verbraucherpreisen für Benzin deutlich über den Großhandelspreisen. Der Stromendkundenpreis beinhaltet neben dem Großhandelspreis eine Reihe weiterer Komponenten. Er setzt sich aus folgenden Preiskomponenten zusammen:

- Stromerzeugung und Beschaffung (beinhaltet den Großhandelspreis)
- Netznutzung
- Abgaben/Umlagen/Steuern

Die Anlage „Geltende Umlagen 2015 und Privilegierungstatbestände" nennt die geltenden Umlagen für das Jahr 2015 sowie die dazugehörigen Befreiungs- und Privilegierungstatbestände.

Steigende Steuern und Abgaben

Der Anteil der vom Gesetzgeber vorgeschriebenen Abgaben, Steuern und Umlagen am Endverbraucherpreis für Strom betrug im Jahr 2014 etwa 54 %. Im Jahre

2006 waren es noch knapp 21%. Während die Kosten für Strombeschaffung und Verteilung seit 1998 nur sehr verhalten gestiegen sind, wuchsen die Steuern und Abgaben um ein Vielfaches.

Dies erklärt die scheinbare Paradoxie, dass die Großhandelspreise für Strom inflationsbereinigt sehr günstig sind, die Endkundenpreise für Unternehmen und Privathaushalte jedoch immer teurer wurden.

Für Unternehmen ist deshalb eine individuelle, auf ihre Marktsituation abgestimmte Strombeschaffungsstrategie besonders wichtig. Mit dieser können sie ihre Nettostromkosten bei der Beschaffung reduzieren und den Anstieg der Strompreise durch Steuern, Abgaben, Umlagen und Netzentgelte kompensieren.

Exkurs: Der Zusammenhang von EEG-Umlage und Großhandelspreis

Elementares Ziel der deutschen Energiewende ist die Übernahme der Leitfunktion in unserem Stromversorgungssystem durch die erneuerbaren Energien. Konkret strebt die Bundesrepublik Deutschland einen Anteil von 80% der erneuerbaren Energien an der Stromerzeugung bis zum Jahr 2050 an. Das zentrale Instrument, um dieses ambitionierte Ziel zu erreichen, ist das Erneuerbare-Energien-Gesetz (EEG). Das EEG garantiert den Betreibern von Erneuerbare–Energien-Anlagen einen marktunabhängigen Preis (Einspeisevergütung) oberhalb der Großhandelspreise und die Abnahme ihres produzierten Strom durch die Netzbetreiber (Abnahmegarantie). Diese Garantie sollte die Investition in erneuerbare Energien anreizen, da die Investoren dadurch weder ein Preisrisiko noch ein Mengenrisiko zu tragen haben. Durch den explosionsartigen Zubau der erneuerbaren Energien in den letzten zehn Jahren hat das EEG dieses Ziel erreicht. Aus Sicht des Gesamtsystems der Stromversorgung wirkte dieser Mechanismus jedoch preisverzerrend. Der enorme Zubau der erneuerbaren Energien führte zu einem Überangebot an den Großhandelsmärkten und senkte das Preisniveau nachhaltig. Die sinkenden Großhandelspreise sind für viele Unternehmen jedoch kein Grund, um auf Kostenersparnisse zu hoffen. Vielmehr setzte das EEG einen zweiten Preisbildungsmechanismus in Gang. Die Betreiber der

Anlagen erneuerbarer Energien erhielten weiterhin die Differenz aus Großhandelspreis und staatlich garantierter Vergütung. Sie waren damit vom Preisverfall an den Großhandelsmärkten nicht betroffen. Das EEG schreibt fest, dass der produzierte Ökostrom komplett abgenommen und vergütet werden muss. So entsteht im Preisbildungssystem eine sich vergrößernde Lücke. Die erneuerbaren Energien sorgen dafür, dass der Großhandelspreis fällt und damit die Differenz zwischen Börsenpreis und gesetzlich garantierter Einspeisevergütung ansteigt. Je tiefer der Börsenpreis fällt, desto größer die Differenz. Für diesen Differenzbetrag wurde ein eigener Geldtopf gebildet. Der Topf ist die Grundlage für die Berechnung der EEG-Umlage. Im Herbst eines jeden Jahres wird die Höhe des Topfes veröffentlicht und festgelegt, wie hoch die Umlage im nächsten Jahr ist. Dabei muss die Differenzsumme aus der Börsenvermarktung des EEG-Stroms und den EEG-Auszahlungen von allen nicht „befreiten" Stromabnehmern als EEG-Umlage getragen werden. Jahr für Jahr stieg die EEG-Umlage und beträgt für das Jahr 2015 6,17 Cent/kWh (Tab. 2.6).

Neben dem Ausbau der erneuerbaren Energien führte auch eine Ausweitung der Befreiungstatbestände für bestimmte Branchen zu einem Ansteigen der Umlage. Sie verteilte

Tab. 2.6 Entwicklung der
EEG-Umlage

EEG-Umlage		
Jahr	EEG-Umlage [Cent/kWh]	Veränderung [%]
2015	6,17	−1,01
2014	6,24	18,24
2013	5,277	18,94
2012	3,592	1,75
2011	3,53	72,19
2010	2,05	56,48
2009	1,31	12,93
2008	1,16	16,66
2007	1,02	15,91
2006	0,88	27,53
2005	0,69	35,29
2004	0,51	21,43
2003	0,42	−

die Finanzierung der erneuerbaren Energien auf immer weniger Schultern. Da die EEG-Umlage zu einem Ansteigen des Kostenblocks Steuern, Abgaben und Umlagen führte, stieg dieser Kostenanteil an den Endkundenpreisen immer weiter an. Dies ist der Grund für die scheinbar paradoxe Tatsache, dass die Großhandelspreise in den letzten Jahren stetig gefallen sind, der Endkundenpreis jedoch immer weiter anstieg. Für viele von der EEG-Umlage nicht befreite Unternehmen ist dies eine schwierige Situation. Gerade für Unternehmen, die nicht zum Vorsteuerabzug berechtigt sind (z. B. Sozialverbände, Krankenhäuser in bestimmten Rechtsformen) hat der Anstieg weitgehende Auswirkungen. Die steigende EEG-Umlage, wie auch die anderen Preisbestandteile, erhöhen die zu zahlende Mehrwertsteuer je Kilowattstunde. Für die meisten Unternehmen ist dies ein durchlaufender Posten, da sie vorsteuerabzugsberechtigt sind. Die nicht Vorsteuerabzugsberechtigten müssen diesen Aufwand tragen. Sie sind deshalb von einer steigenden EEG-Umlage doppelt betroffen.

Praxisbeispiel: Belastung durch die EEG-Umlage

Kundenunternehmen A betreibt fünf Pflegeheime als gemeinnützige Gesellschaft mit beschränkter Haftung. Der Jahresstromverbrauch der fünf Einrichtungen beträgt eine Gigawattstunde (1 GWh = 1.000.000 kWh). Im Jahr 2014 stieg die EEG-Umlage von 5,277 Cent pro Kilowattstunde (Cent/kWh) auf 6,24 Cent/kWh. Dies entspricht einer jährlichen Zusatzbelastung von circa 9.600 € pro Jahr. Daneben erhöht die gestiegene EEG-Umlage die auf den Strompreis zu zahlende Mehrwertsteuer (19 %) um 0,183 Cent/kWh. Dies ist eine weitere Belastung von circa 1.830 €. Als gemeinnützige GmbH ist Unternehmen A nicht zum Vorsteuerabzug berechtigt. Die zusätzliche jährliche Gesamtbelastung der EEG-Umlagen-Erhöhung beträgt somit nicht circa 9.600 € sondern rund 11.400 €.

Auch deshalb wächst der Informationsbedarf für Kundenunternehmen stetig an. Es wird zunehmend wichtig, mögliche Befreiungs- und Privilegierungstatbestände zu kennen, um den Kostensteigerungen bei den Steuern, Abgaben und Umlagen zu begegnen.

Die Wahl eines Stromversorgers der aktiv über Befreiungstatbestände informiert ist dadurch von besonderer Bedeutung. Eine weitere Möglichkeit der Kostenspirale der Endkundenpreise zu begegnen ist die Optimierung des eigenen Verbrauchsverhaltens. Auch hierzu bieten dienstleistungsorientierte Stromversorger ihren Kundenunternehmen Produkte beziehungsweise Dienstleistungen des Energiemanagements an.

2.3   Die Branche der Stromversorger

In der Bundesrepublik Deutschland hat sich ein dreistufiger Branchenaufbau der Stromwirtschaft herausgebildet. Die erste Stufe bilden dabei die vier großen Energiekonzerne E.ON, Rheinische Elektrizitätswerke (RWE), Energie Baden-Württemberg (ENBW) und Vattenfall. Auf der zweiten Stufe folgen die Regionalversorger und die großen Stadtwerke. Beispiele hierfür sind die Oldenburger EWE, die Mannheimer MVV, die Stadtwerke München oder die Rheinenergie aus Köln. Die dritte Stufe bilden die zahlreichen mittleren und kleinen Stadtwerke. Bundesweit gibt es etwa 800 Stadtwerke, die auf verschiedenen Wertschöpfungsstufen der Stromversorgung tätig sind. Seit der Liberalisierung um die Jahrtausendwende sind zusätzlich circa 100 reine Stromhändler am Strommarkt tätig.

Verschiedene Wertschöpfungsstufen der Stromwirtschaft

Die Tätigkeit der Stromwirtschaft setzt sich aus verschiedenen Wertschöpfungsstufen zusammen. Diese sind die Erzeugung, der Handel, der Netzbetrieb und der Vertrieb. Vor allem kleinere Stadtwerke sind oftmals lediglich auf einzelnen Stufen tätig, zum Beispiel dem Netzbetrieb. Andere Energieunternehmen sind ausschließlich in der Stromerzeugung tätig. Die großen Energiekonzerne und Regionalversorger sind in allen Wertschöpfungsstufen aktiv. Sie bezeichnet man daher als vollintegrierte Energieversorger oder Verbundunternehmen.

Die dreistufige Struktur der deutschen Strombranche ist eine typisch deutsche Struktur, da sie den föderalistischen Charakter der Bundesrepublik widerspiegelt. Andere Länder weisen eine abweichende Branchenstruktur auf, welche deutlich weniger föderalistisch geprägt ist. Ein Beispiel für einen deutlich zentralistischeren Branchenaufbau ist Frankreich, die zweitgrößte Volkswirtschaft innerhalb der EU. Der Quasimonopolist Electricite de France (EDF) befindet sich zu einem großen Teil im Besitz des französischen Staates. In beiden Fällen gibt es enge Verflechtungen zwischen Stromwirtschaft und öffentlicher Hand. Im zentralistischen Frankreich durch die Beteiligung des Staates am größten Energieversorger des Landes, in Deutschland durch die Beteiligung von Kommunen und Bundesländern an Stadtwerken, Regionalversorgern und Verbundkonzernen.

Relevanz für den Stromeinkäufer haben die Unternehmen, die in der Wertschöpfungsstufe des Stromvertriebs tätig sind. Im engeren Sinne ist ein Stromlieferant beziehungsweise ein Stromversorger ein Marktteilnehmer, welcher einen Endkunden mit Strom beliefert. Unter diesen Marktteilnehmern kann sich ein Unternehmen den Lieferanten auswählen. Derzeit gibt es in Deutschland etwa 1.150 Stromlieferanten.

Von diesen Stromlieferanten bieten viele nur Stromtarife für Privat- und Kleingewerbekunden an. Auch gibt es nach wie vor kleinere Stadtwerke, welche die Stromversorgung lediglich in ihren Netzgebieten und nicht bundesweit anbieten.

Die Größe eines Stromlieferanten richtet sich branchenintern nach seiner Absatzmenge. Die Absatzmenge ist die Menge der Kilowattstunden, welche der Versorger an seine Kunden absetzt. Die vier großen Energiekonzerne, RWE, EON, EnBW, Vattenfall teilen einen großen Teil der Gesamtabsatzmenge untereinander auf. In der Vergangenheit war daher oft von einem Oligopolmarkt der Stromlieferanten die Rede. Ein Oligopol ist eine Marktstruktur, in der einige wenige marktbeherrschende Anbieter einer großen Anzahl an Nachfragern gegenüberstehen. Unter Marktbeobachtern ist jedoch seit einigen Jahren umstritten, ob es sich tatsächlich noch um einen Oligopolmarkt am Strommarkt handelt. Durch die voranschreitende Liberalisierung kamen zunehmend neue Anbieter in den Markt, verstärkt auch ausländische Marktteilnehmer. Dies führte zu einer erheblichen Zunahme des Wettbewerbs, welche die Marktmacht der vermeintlichen Oligopolanbieter zunehmend erodieren ließ. Tatsache ist, dass die großen Konzerne nach wie vor über eine große Marktmacht verfügen. Dies allerdings nicht mehr in dem Ausmaß, wie es in früheren Jahren der Fall war. Nach den großen Energiekonzernen sind es die großen Regionalversorger EWE, Rheinenergie und MVV Energie welche die größten Strommengen an Kunden liefern.

Trend zur Rekommunalisierung

Mit den Entscheidungen zur forcierten Energiewende im Frühjahr 2011 wurde ein Trend zur dezentralen Gestaltung der Stromversorgung generiert. Der Trend kann die Struktur der Stromversorgungsbranche nachhaltig verändern. Er bedeutete einen Bewusstseinswandel und resultierte aus der Absicht vieler Bürger und Lokalpolitiker, sich von Energiekonzernen unabhängig zu machen. Der Wunsch, die Stromversorgung mehr in die eigene Hand zu nehmen und lokal zu organisieren, nimmt zu. Dies entspricht dem modernen gesellschaftlichen Bedürfnis nach Mitbestimmung und größerer Teilhabe, auch an einem gesellschaftlichen Großprojekt wie der Energiewende. Wertschöpfungsstufen der Stromversorgung wie Netzbetrieb oder Beteiligungen an lokalen Stadtwerken wurden wieder mehrheitlich in eine kommunale Trägerschaft überführt. Seit 2008 kam es zur Gründung von etwa 100 neuen Stadtwerken. Dieser Trend erhielt mit den Kernkraftausstiegsbeschlüssen 2011 eine neue Dynamik. Der Vorgang nennt sich Rekommunalisierung. Häufig übernehmen die rekommunalisierten oder neugegründeten Stadtwerke den Netzbetrieb oder realisieren Projekte der erneuerbaren Energien. Dabei ermöglichen sie Bürgern die Beteiligung an entsprechenden Projekten in Form von Bürgergenossenschaften. In vielen Fällen bieten die neuen kommunalen Unternehmen jedoch auch Strom an und treten überregional als Stromlieferanten auf. Teilweise offerieren sie lediglich Tarife für Haushaltskunden oder Kleingewerbekunden, in vielen Fällen auch für Geschäftskunden. Im Rahmen der ganzheitlichen Strombeschaffungsstrategie ist dies für regional verwurzelte Unternehmen aus Marketinggesichtspunkten eine interessante Entwicklung. Kap. 6 greift diese Thematik und die Chancen auf.

Wirtschaftshistorisch betrachtet ist diese Rekommunalisierung eine Ironie der Geschichte. Zu Beginn der Liberalisierung galten kleinere und mittlere Stadtwerke als nicht überlebensfähig. Marktbeobachter gingen davon aus, dass sie in einem wettbewerblichen Umfeld gegen die großen Konzerne und Regionalversorger nicht bestehen könnten. Diese Annahme veranlasste viele Kommunen dazu, Anteile an ihren örtlichen Energieunternehmen an die größeren Versorger zu verkaufen. Es kam zu einer weitgehenden Übernahmewelle mit weitverzweigten Querverflechtungen zwischen den großen vier Energiekonzernen und kleineren Stadtwerken. Dieser Trend hat sich durch die neue Rekommunalisierung gewandelt und die Stadtwerke stellen sich in kommunaler Trägerschaft dem bundesweiten Wettbewerb.

Interessenverbände der Stromversorgungsbranche

Zwei Fachverbände vertreten die Brancheninteressen der Energiewirtschaft und damit auch der Stromlieferanten. Dies sind der Bundesverband der deutschen

Energie und Wasserwirtschaft (BDEW) und der Verband kommunaler Unternehmen (VKU). Der BDEW vertritt rund 1.800 Mitgliedsunternehmen. Auf diese Mitgliedsunternehmen entfallen rund 90 % der an Endkunden gelieferten Stromabsatzmenge. Der VKU wiederum nimmt die Interessen der rund 1.420 kommunalen Energie-, Wasser- und Entsorgungsunternehmen war. Beide betreiben einflussreiche Lobbybüros in Berlin, um nahe an den politischen Entscheidungsprozessen zu sein.

Zusammenfassend gilt, dass Stromkunden aus einer großen und wachsenden Anzahl an Stromlieferanten auswählen können. Dies schafft neue Chancen, die sich vor der Liberalisierung nicht geboten haben. Es erhöht sich jedoch der Aufwand, um diese neuen Marktchancen zu realisieren. Die Gefahr wächst, in einem dynamischen Markt die Übersicht über Anbieter, Produkte und Dienstleistungen zu verlieren. Bevor diese Produkte und Dienstleistungen mit Vor- und Nachteilen vorgestellt werden, gehen wir im folgenden Kapitel auf einige Grundlagen der Strombelieferung ein.

Die Grundlagen für den Stromeinkauf 3

Kleinere und mittelständische Unternehmen haben nicht die Kapazität, Mitarbeiter ausschließlich für den Energie- beziehungsweise Stromeinkauf zu beschäftigen. Die Angestellten, die Entscheidungen des Stromeinkaufs treffen oder vorbereiten, müssen in aller Regel eine weitere Reihe von Arbeitsthemen betreuen.

Dieses Kapitel stellt einige Grundlagen der Stromversorgung beziehungsweise des Abschlusses eines Stromliefervertrages vor. Die Kenntnis dieser Grundlagen ist für die optimale Abwicklung der Strombeschaffung aus Einkäufersicht notwendig. Das praktische Wissen hilft dem Verantwortlichen, Angebote einzuschätzen und damit sicherer zu werden im Umgang mit Stromversorgern. Die Praxis zeigt, dass dies die Abwicklung des Prozesses erheblich beschleunigt. Dadurch sinkt das Risiko, durch einen ungleichen Wissenstand Chancen der Strombeschaffung nicht zu nutzen. Neben dem eigentlichen Beschaffungsprozess hilft die Kenntnis dieser Grundlagen ebenso, die nachgelagerten administrativen Prozesse effizient zu gestalten. Das Kundenunternehmen kann zum Beispiel die Rechnungsprüfung, den Lieferantenwechselprozess, das Preis-Reporting oder die Risikobewertung kompetenter abwickeln. Viele kleine und mittlere Unternehmen unterschätzen diese Faktoren oftmals. Sie binden jedoch beträchtliche Kapazitäten, welche in einem Unternehmen an anderer Stelle sinnvoller für den Unternehmenszweck genutzt werden könnten.

© Springer Fachmedien Wiesbaden 2015
I. Schumacher, P. Würfel, *Strategien zur Strombeschaffung in Unternehmen*,
DOI 10.1007/978-3-658-07422-7_3

3.1 Die verschiedenen Arten der Verbrauchsmessung

Die Anzahl der Niederlassungen, Betriebe oder Filialen ist für den Stromversorger nur mittelbar für die Strombelieferung eines Unternehmens wichtig. Der Stromlieferant orientiert sich an den Zählern, also den zu beliefernden Anschlüssen. Eine Betriebsstätte kann selbstverständlich mehrere installierte Zähler haben, die unter derselben Adresse laufen. Der Stromzähler ist der Ort, an dem der Endkunde das gelieferte Gut Strom vom Stromlieferanten bezieht. Jeder Zähler hat eine Zählernummer. Die Zählernummer dient der Identifikation sowohl für den Stromlieferanten, den Netzbetreiber als auch für den Kunden. Sie ist eine reine Zahlenkombination. Neben der Zählernummer hat jeder installierte Zähler auch eine individuelle Zählpunktbezeichnung. In Deutschland ist diese Zählpunktbezeichnung mehr als 30-stellig. Sie beinhaltet den DIN Ländercode (zwei Stellen), die Identifikation des Netzbetreibers (sechs Stellen), die Postleitzahl (fünf Stellen) und die Zählpunktnummer.

Beispiel: DE 000572 68901 AO6H66M21SN41G11N24P

Ähnlich einem Banküberweisungssystem können Stromlieferant und Netzbetreiber im An-Abmelde- und Abrechnungsprozess die Zähler des Kundenunternehmens zuordnen. Obwohl es für das Kundenunternehmen empfehlenswert ist, für jede Abnahmestelle beide Identifikationen bereitzuhalten, reicht in der Kommunikation mit den Stromlieferanten, zum Beispiel für die Neuanmeldung eines Zählers, in aller Regel die Zählpunktbezeichnung. Diese ist auf den Abrechnungen des Stromlieferanten zu finden.

Je nach Verbrauchsmenge der einzelnen Stromabnahmestelle finden technisch verschiedene Verfahren zur Erfassung des Verbrauches Anwendung. Es gibt zwei Verfahren:

- registrierende Leistungsmessung (Lastgangmessung)
- Standardlastprofil

Registrierende Leistungsmessung (RLM)

Bei einem Verbrauch von mehr als 120.000 kWh/Jahr wird die sogenannte registrierende Leistungsmessung (RLM) verwendet. Hierbei erfolgt eine Messung des Leistungswertes innerhalb einer 15-minütigen Messperiode. Die Addition aller Leistungswerte stellt den individuellen Lastgang eines Kunden dar. So ist die Addition aller 15 min Leistungswerte eines Jahres der Jahreslastgang des Kunden. Die durch den lastganggemessenen Zähler ermittelten Werte werden täglich per technischer Fernauslese an den Netzbetreiber gemeldet. Dieser wiederum meldet sie an den Stromlieferanten weiter, der sie als Grundlage für seine Abrechnung nutzt.

Exkurs: Der Lastgang – warum ist dieser von so hoher Relevanz?

Der für einen Kunden gemessene Lastgang ist sowohl für den Endabnehmer als auch den Stromlieferanten von Bedeutung. Im Prinzip handelt es sich bei einem Lastgang um den „elektrischen Fingerabdruck" eines Stromverbrauchers. Für den Kunden ist aus Energiemanagement-Gesichtspunkten eine Analyse des Lastgangs wichtig. Ausgangspunkt jeglicher Verbrauchsanalyse ist eine Auswertung des Lastgangs einer Abnahmestelle. So kann der Kunde anhand von Lastganganalysen Quervergleiche zwischen gleichartigen Standorten herstellen und Kosten-Benchmarks erstellen. Auch kann er anhand des Lastgangs Leistungsspitzen identifizieren und hinterfragen. Eine Reduzierung der Leistungsspitzen hat positive Auswirkungen auf den Netto-Energiepreis, die Netznutzungsentgelte und indirekt auf die Steuern, Umlagen und Abgaben. Sofern vom Betriebsablauf möglich, kann das Kundenunternehmen Änderungen vornehmen, um den Lastgang zu optimieren.

Für den Stromlieferanten ist der Lastgang eines Kunden wichtig, um ein Stromlieferangebot zu kalkulieren. Wie bereits erläutert, werden an den Großhandelsmärkten unterschiedliche Produkte gehandelt. Anhand des Lastgangs stellt der Stromlieferant fest, welche gehandelten Produkte er kaufen muss, um das Lastverhalten des Kunden abzubilden. Ein Kunde mit einem gleichmäßigen Lastverhalten, zum Beispiel ein Serverbetreiber, der in den günstigeren Base-Blockstunden ebenso Strom bezieht wie in den teuren Peakload-Stunden hat somit ein insgesamt günstigeres Profil als der typische Bürobetrieb, der seinen Hauptverbrauch in aller Regel in den Peak-Stunden hat. Die Abb. 3.1 und 3.2 zeigen die Wochenlastgänge typischer Betriebe aus unterschiedlichen Branchen.

Aus diesem Grund sind die Preisvergleiche zwischen Branchen auch nicht wirklich aussagekräftig. Die Energiepreiskalkulation hängt zu sehr vom tatsächlichen, individuellen Lastverhalten ab. Dieses bestimmt primär die Branchenzugehörigkeit. Vergleiche innerhalb einer Branche sind aussagekräftiger und sollten, sofern die Informationen vorliegen, immer vorgenommen werden, um die eigenen Kosten zu überprüfen.

Ebenso ist der Lastgang bei der Entscheidung für die passende Beschaffungsstrategie wichtig. Moderne Beschaffungsprodukte berücksichtigen die individuellen Nutzungscharakteristika (Kap. 4).

Der Stromlieferant zieht bei der Energiepreiskalkulation für seine Kalkulation die Lastgänge der Vergangenheit zurate. In der Regel fordert er für eine Angebotslegung die Lastgangdaten eines Jahres an. Sofern er Bestandslieferant ist, liegen ihm diese selbstverständlich vor. Fragt der Endkunde einen potenziellen Neulieferanten an, muss er diesem die Lastgänge zur Verfügung stellen. Lastgänge kann der Kunde von dem Bestandslieferanten anfordern, die er in der Regel zeitnah erhält. Der für die Ausschreibung verantwortliche Mitarbeiter sollte sicherstellen, dass möglichst alle Lastgänge vollständig vorliegen. Zwar kann der Energieversorger auch ohne die kompletten Lastgänge ein Angebot kalkulieren, indem er ein sogenanntes synthetisches Lastprofil bildet, welches Annahmen über die Verbrauchsstruktur trifft. In der Regel rechnet er jedoch eine gewisse Sicherheitsmarge ein. Der Stromversorger berücksichtigt somit das Risiko eines gravierenden Abweichens der tatsächlichen Verbrauchsstruktur. Je vollständiger die Lastgänge vorliegen, desto belastbarer ist das Angebot. Je berechenbarer das Angebot ist, desto weniger Risikoaufschläge sind seitens des Stromversorgers inkludiert. Der Stromkunde sollte also ein Interesse daran haben, die aktuellen Lastgänge bei einer Ausschreibung vorzulegen. Im Zweifel sollte er diese schon

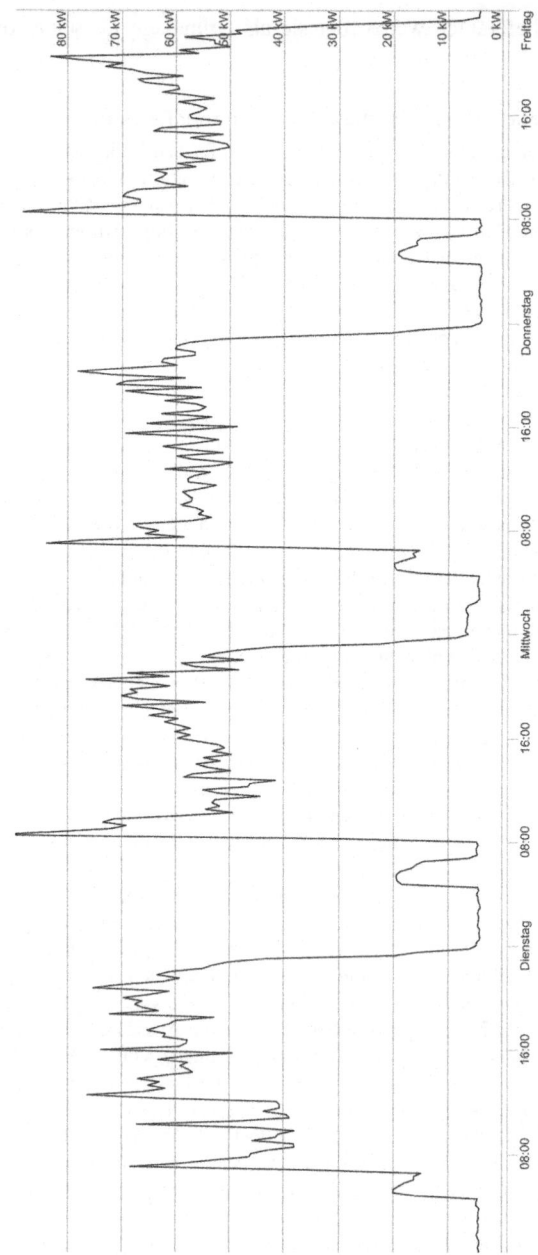

Abb. 3.1 Beispiellastgang Logistikunternehmen (Wochenbasis)

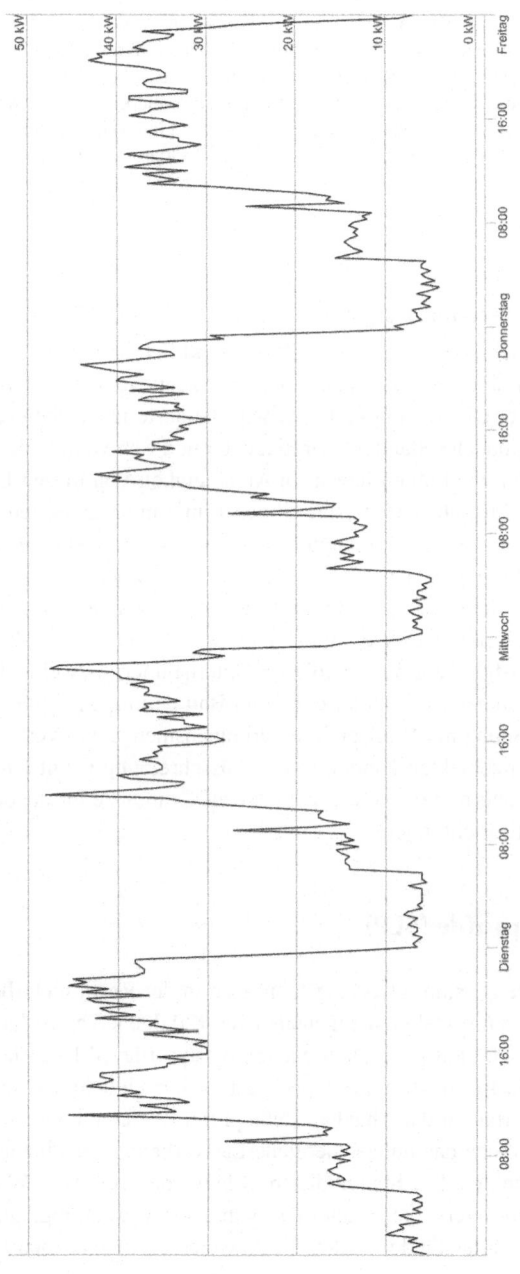

Abb. 3.2 Beispiellastgang gastronomischer Betrieb (Wochenbasis)

frühzeitig anfragen und zusammenstellen. In Situationen, in denen noch keine vergleichbaren Lastgänge vorliegen, zum Beispiel Neueröffnungen oder Werksausbauten, sollte der Kunde, sofern möglich, dem Stromversorger Informationen über Vergleichsobjekte geben. An deren Lastgängen kann er sich bei der Kalkulation orientieren. Dies vermeidet wiederum Risikoaufschläge seitens des Stromversorgers. Falls es keine Vergleichsobjekte gibt, sollte der Kunde dem Stromversorger zumindest eine begründbare Verbrauchshochrechnung an die Hand geben. Die Beschreibung zeigt, dass es im Interesse des Endkunden ist, den Stromlieferanten mit möglichst vollständigen und korrekten Daten zu versorgen.

Praxisbeispiel: Referenzlastgänge für neue Abnahmestellen

Kundenunternehmen A betreibt 13 Pflege- und Seniorenheime. Von diesen 13 Pflegeheimen sind die Abnahmestellen von acht Standorten leistungsgemessene Standorte. Die leistungsgemessenen Standorte unterscheiden sich dahingehend, dass manche Standorte Großküchen und Schwimmbäder beziehungsweise Fitnesseinrichtungen haben. In Abhängigkeit von diesen Einrichtungen schwankt der Strombedarf der jeweiligen Einrichtung zwischen 120.000 und 3.000.000 kWh jährlich. Im August schreibt das Unternehmen den Strombedarf für das Folgejahr aus. Zum Zeitpunkt der Ausschreibung befinden sich zwei weitere Pflegeeinrichtungen im Bau, welche voraussichtlich im Frühjahr des Folgejahres ihren Betrieb aufnehmen werden. Da es für diese Standorte noch keine Lastgänge gibt, identifiziert Unternehmen A zwei Referenzobjekte der bereits bestehenden Standorte. Die im Bau befindlichen Standorte werden nach Fertigstellung mit Blick auf die Verbrauchsmenge und Verbrauchsstruktur diesen Referenzobjekten ähneln. In der Ausschreibung nennt Unternehmen A den Stromanbietern diese Referenzobjekte als Grundlage für die beiden im Bau befindlichen Einrichtungen.

Standardlastprofile (SLP)

Die registrierende Leistungsmessung lohnt sich in der Regel nicht bei Abnahmestellen mit kleineren Abnahmemengen als circa 120.000 kWh pro Jahr. Bei diesen Abnahmestellen wird auf sogenannte Standardlastprofile (SLP) zurückgegriffen.

Ein Standardlastprofil ist ein fiktives Lastprofil, nach dem der Stromversorger das Verbrauchsverhalten der Abnahmestelle prognostizieren kann. Es gibt mehrere Lastprofile, welche das unterschiedliche Lastverhalten verschiedener Kundengruppen unterscheiden. Die Standardlastprofile werden vom BDEW definiert und finden bei den Stromversorgern nahezu ausnahmslos Anwendung. Durch jährliche Ablesungen der Zählerstände werden die Abweichungen zwischen tatsächlichem

Tab. 3.1 Standardlastprofile gemäß BDEW

G0: allgemeines Gewerbe (Mittelwert der Profile G1–G6)
G1: Gewerbe zwischen 8 und 18 Uhr (z. B. Anwaltskanzlei, Verwaltungseinrichtungen)
G2: Gewerbe mit hohem Abendverbrauch (z. B. Gastronomie, Fitnessstudio)
G3: Durchlaufendes Gewerbe (z. B. Betrieb von Kühlhäusern, Serverdienstleistungen)
G4: Ladengeschäft (z. B. Einzelhandel, Friseur)
G5: Bäckerei mit integrierter Backstube
G6: Wochenendbetriebe (z. B. Kinos, Discos)
G7: Sendestationen Mobilfunk
L0: Allgemeine landwirtschaftliche Betriebe (Mittelwert L1 und L2)
L1: Landwirtschaftliche Betriebe mit Viehzucht oder Milchwirtschaft
L2: Übrige landwirtschaftliche Betriebe
H0: Haushaltsprofil (Privathaushalte)

Verbrauch und angenommenem Verbrauchsverhalten durch das Standardlastprofil ermittelt. Insgesamt gibt es zwölf Standardlastprofile gemäß BDEW (Tab. 3.1).

Standardlastprofile fingieren ein angenommenes Verbrauchsverhalten. Entsprechend dem tatsächlichen Verbrauchsverhalten gibt es somit je nach Kundengruppe günstige und teure Standardlastprofile. Das Haushaltsprofil (H0) ist teurer als das Profil für Sendestationen für Mobilfunk (G7). Die angenommene relative Verbrauchsmenge in den teuren Peakload-Zeiten ist beim Haushaltsprofil höher als im durchgängigen Sendebetrieb mit einer gleichmäßigen Grundlaststruktur. Der Netzbetreiber hat die Pflicht, ab einem Jahresverbrauch von mehr als 120.000 kWh jährlich beim Kunden auf registrierende Leistungsmessung umzustellen. Aus Kundensicht hat dies in den meisten Fällen Vorteile. Leistungsgemessene Kunden sind gegenüber ihrem Stromlieferanten flexibler in den Vertragsverhandlungen. Es macht daher Sinn für Unternehmen, auf den Netzbetreiber frühzeitig zuzugehen und einen Wechsel auf registrierende Leistungsmessung einzufordern. Dies kann erfolgen, sobald deutlich wird, dass die Verbrauchsgrenze überschritten wurde. Auf diese Weise kann das Kundenunternehmen Kostenvorteile erzielen und zum Beispiel durch eine monatliche Rechnungsstellung eine Erleichterung im Rechnungsmanagement realisieren. Die Unterscheidung zwischen SLP- und RLM-Abnahmestellen ist wichtig für den Abrechnungsprozess beziehungsweise die Rechnungsabwicklung. Sofern der Kunde keine jährliche Rechnungsstellung wünscht, erfolgt die Abrechnung der RLM-Abnahmestellen monatlich. SLP-Abnahmestellen erhalten einen Abschlagszahlungsplan. Die Abschläge sind monatlich zu zahlen. Am Ende des Abrechnungszeitraums erfolgt eine Endrechnung, welche je nach tatsächlichem Verbrauchsverhalten eine Gutschrift oder eine Nachzahlung enthält. Die Höhe der monatlichen Abschläge richtet sich nach der Höhe des prognostizierten Verbrauches. Je nach Budgetierungsprozess sollte der Stromkunde darauf achten, dass er bei einem Lieferantenwechsel schon frühzeitig die neuen Abschlagspläne erhält. Diese kann er rechtzeitig im Rahmen der Budgetierung berücksichtigen.

3.2　Benutzungsstunden

Im Zusammenhang mit der Strompreiskalkulation ist der Begriff der „Benutzungsstunden" von Bedeutung. Die Benutzungsstunden sind ein Maßstab dafür, wie kontinuierlich und stetig die Stromabnahme eines Stromkunden erfolgt. Für einen Kunden mit Leistungsmessung ist die Berechnung der Benutzungsstunden relativ einfach. Der jährliche Stromverbrauch wird durch die laut Lastgang höchste Leistungsspitze geteilt.

Praxisbeispiel: Bedeutung der Benutzungsstunden

Unternehmen A produziert im Zweischichtbetrieb. Es hat einen Jahresverbrauch von 250.000 kWh. Die maximale Leistungsspitze beträgt in diesem Jahr 50 kW. Das Kundenunternehmen hat somit 5000 Benutzungsstunden und damit eine sehr stetige Stromabnahmestruktur.

Unternehmen B produziert im Einschichtbetrieb. Es hat ebenfalls einen Jahresverbrauch von 250.000 kWh. Die maximale Leistungsspitze beträgt 100 kW. Die Benutzungsstunden liegen damit bei 2500 h. Die Stromabnahme von B ist im Vergleich zu A deutlich weniger stetig.

Die Benutzungsstunden geben nicht an, in wie vielen Stunden des Jahres das Kundenunternehmen Strom benötigt. Sie zeigen vielmehr an, wie lange der Stromkunde seine maximale Leistungsentnahme (Unternehmen A = 50 kW/Unternehmen B = 100 kW) aufrechterhalten müsste, um auf den jährlichen Stromverbrauch zu kommen. Je höher die Zahl der Benutzungsstunden, desto kontinuierlicher nimmt das Kundenunternehmen Strom ab. Der Stromlieferant kann die Verbrauchsstruktur eines Kunden mit hohen Benutzungsstunden einfacher prognostizieren. Aus diesem Grund schlagen sich hohe Benutzungsstunden in einem günstigeren Energiepreis nieder.

3.3　Die unterschiedlichen Vertragsgrundlagen

Bei der Vertragsgrundlage zwischen Kundenunternehmen und Stromlieferanten sind zwei Vertragsstrukturen zu unterscheiden:

- Tarifvertrag
- Sondervertrag/Individualvertrag

Beide Vertragsarten unterscheiden sich in der Flexibilität und der Möglichkeit, individuelle Vertragsinhalte mit dem Stromlieferanten auszuhandeln. In aller Regel ist der Abschluss eines Sondervertrages beziehungsweise Individualvertrages für das Kundenunternehmen kostengünstiger als die Belieferung über einen Tarifvertrag. Die Möglichkeit, einen individuellen Sondervertrag mit dem Stromlieferanten abzuschließen, richtet sich nach der Verbrauchsmenge. Obwohl die Verbrauchsgrenzen je nach Stromversorger variieren, ist ab einer Verbrauchsmenge von etwa 100.000 kWh jährlich der Abschluss eines Sondervertrages möglich. Viele kleinere und mittlere Unternehmen befinden sich mit einer oder mehreren Abnahmestellen in dieser Größenordnung in einem Tarifvertrag. Für sie macht es Sinn, den Stromversorger auf die Möglichkeit eines Sondervertrages anzusprechen. Die Voraussetzungen, in einen Sondervertrag zu wechseln, sind auch auf der Homepage des jeweiligen Stromlieferanten veröffentlicht.

Tarifvertrag

Obwohl es sich bei Tarifverträgen beziehungsweise Tarifangeboten um Standardangebote handelt, ist die Bandbreite der angebotenen Tarife im Zuge des bundesweiten Wettbewerbes sehr angestiegen und wächst stetig weiter. In einem liberalisierten Strommarkt können Stromversorger die Tarife nicht mehr diktieren. Durch einen Anbieterwechsel kann sich jeder Stromabnehmer den Konditionen des örtlichen Anbieters entziehen und einen vermeintlich passenderen Tarifvertrag abschließen. Die meisten Stromlieferanten haben unterschiedliche Stromtarife. Inzwischen bieten die meisten Anbieter Grünstrom-Tarife an, welche die wachsende Zahl ökologisch bewusster Stromkunden ansprechen soll (Kap. 4). Die Frage, welche Standardtarife für den Kunden infrage kommen, richtet sich in aller Regel nach zwei Kriterien:

- Strombedarf: Wie viel verbraucht der Kunde an einem oder mehreren Zählern jährlich?
- Verbrauchsstruktur: Zu welchen Tageszeiten – und/oder Wochenzeiten verbraucht der Kunde seinen Strom?

Das allgemeine Tarifangebot beinhaltet typischerweise einen monatlichen/ jährlichen Grundpreis (z. B. zehn Euro pro Monat) welcher unabhängig vom tatsächlichen Verbrauch des Kundenunternehmens ist. Hinzu kommt ein Arbeitspreis je Kilowattstunde in Rechnung (z. B. 25 Cent/kWh). Im Vergleich zum Sondervertrag sind in einem Tarifvertrag alle Preiskomponenten wie Energiepreis, Vertriebsmarge, Netzentgelte, Steuern, Abgaben und Umlagen im Tarifpreis enthalten. Preissteigerungen, welche in den letzten Jahren vor allem den Kostenbestandteil Steuern, Abgaben und Umlagen umfassten, interessieren den Tarifkunden während der Vertragslaufzeit somit nicht. Sein Einheitspreis steht fest.

Die Anzahl der Tarifangebote ist dabei so zahlreich wie die Anzahl der Stromanbieter. Auch kann der Kunde oftmals bei einem Lieferanten aus verschiedenen Tarifen auswählen. Beispielsweise kann der Endkunde sich für Tarife mit niedrigerem Grundpreis und dafür höheren Arbeitspreisen oder umgekehrt entscheiden. Zunehmend setzen die Anbieter auch auf variable Tarife, bei denen die Stromnutzung zu bestimmten Tageszeiten, zum Beispiel nachts, günstiger ist. Häufig verfügen Tarifkunden über eine zeitabhängige Hochtarif(HT)- und Niedertarif(NT)-Struktur. Die höheren HT-Preise werden im Zeitfenster etwa zwischen sechs und 22 Uhr angesetzt, die niedrigeren NT-Preise in den Randstunden.

Ein Tarifpreis beinhaltet alle Preiskomponenten und schützt den Tarifkunden somit vor Steigerungen einzelner Preisbestandteile während der Vertragslaufzeit. Dies erscheint vielen kleineren und mittleren Unternehmen zunächst verlockend. Garantiert die Tarifstruktur dadurch doch ein Maximum an Planungssicherheit während der Vertragslaufzeit. Daneben wähnen sie sich geschützt vor den steigenden Abgaben, Steuern und Umlagen. Während der Vertragslaufzeit gehen alle Steigerungen dieser Komponenten zulasten des Stromlieferanten. Die Möglichkeit, frei über die Vertragslaufzeit zu entscheiden, ist jedoch begrenzt, da die möglichen Laufzeiten für Tarifkunden vorgegeben sind. Der Stromlieferant kalkuliert in seine Tarifangebote gewisse Sicherheitsmargen ein, um sich vor steigenden Preisbestandteilen zu schützen. In aller Regel sind diese Sicherheitsmargen großzügig kalkuliert. Diese Art der Tarifkalkulation nehmen alle Stromlieferanten vor und das ist aus unternehmerischer Sicht absolut verständlich. Aus der Sicht des Endkunden ist dieser Mechanismus der Grund, wenn möglich einen Einzelvertrag vorzuziehen.

Sofern es zu tariflichen Preisanpassungen kommt, haben Tarifkunden ein Sonderkündigungsrecht. Der Stromlieferant muss seine Kundenunternehmen rechtzeitig über die Tarifanpassung informieren.

Exkurs: Die Zusammenhänge der Grundversorgung

Wie viele andere Bereiche im Strommarkt unterliegt auch der Bereich der Stromlieferung bestimmten Regulierungen. Dies trägt dem Umstand Rechnung, dass es sich bei der Stromversorgung in einer Industriegesellschaft um einen Bereich der Daseinsvorsorge handelt. Deshalb besteht eine Grundversorgungspflicht für Energieversorgungsunternehmen. Diese Pflicht wird gemäß Energiewirtschaftsgesetz von dem Energieversorgungsunternehmen erbracht, welches in einem Netzgebiet die Mehrzahl aller Endkunden beliefert. In aller Regel ist dies der örtliche Stromversorger beziehungsweise das örtliche Stadtwerk. Die Prüfung, wer der Grundversorger ist, erfolgt alle drei Jahre durch den Netzbetreiber und wird für die kommenden drei Jahre festgelegt. Der Grundversorger hat die gesetzliche Verpflichtung, jeden Kunden zu den veröffentlichen Konditionen der Grundversorgung mit Strom zu beliefern. Die Preise und Bedingungen muss der Grundversorger veröffentlichen. Die Ausnahmen von der Grundversorgungspflicht sind sehr eng. Der Grundversorger kann die Versorgung ablehnen, wenn die Stromversorgung aus wirtschaftlichen Gründen nicht zumutbar ist. Der Abschluss eines Grundversorgungsvertrages erfordert nicht zwingend einen schriftlichen Vertrag. Er kann auch durch konkludentes Handeln entstehen. So fällt eine Abnahmestelle, für die eine der Stromliefervertrag endet beziehungsweise keine Anmeldung durch einen neuen Lieferanten erfolgt, in die Grundversorgung (Ersatzversorgung). Der Grundversorger muss den Endkunden über diese Tatsache informieren. Die Kündigungsfrist des Grundversorgungsvertrages beträgt zwei Wochen. Grundversorgungstarife sind in der Regel erheblich teurer als andere Tarife oder gar Sonderverträge. Die Zeit, in der sich einzelne Abnahmestellen in der Grundversorgung befinden, sollte entsprechend minimiert beziehungsweise vermieden werden. Jeder Tag in der Grundversorgung ist eine unnötige Kostenbelastung. Vor allem Kunden mit vielen Abnahmestellen wie Einzelhandelsunternehmen oder gastronomische Ketten sollte daher immer eine Übersicht der einzelnen Abnahmestellen mit dem aktuellen vertraglichen Stand der Belieferung vorliegen. Sofern keine gebündelte Strombelieferung vorliegt, ist schnell die Übersicht über die Vertragslage der einzelnen Abnahmestelle verloren. Die Gefahr besteht, dass einzelne Abnahmestellen in die Grundversorgung fallen. Vor allem Immobilienunternehmen und Wohnheimbetreiber mit einer hohen Mieterfluktuation stehen vor besonderen Problemen. Einzelne Abnahmestellen fallen nach Altmieterauszug und vor Neumietereinzug unnötigerweise in die Grundversorgung. Diese muss der Betreiber tragen. Hier gilt es, den eigenen Stromlieferanten anzusprechen, um Sonderlösungen zu finden. Einzelne Anbieter offerieren bereits innovative Dienstleistungskonzepte zu diesem Leerstandsmanagement. Nicht wenige Unternehmen, vor allem kleinere, verbleiben aus Unwissenheit in der Grundversorgung.

Sondervertrag – Individualvertrag

Im Vergleich zu den standardisierten Tarifprodukten bieten Sonderverträge für Kundenunternehmen eine Reihe von Vorteilen. Sie fangen bei der Höhe der Gesamtkosten an und gehen bis zur persönlichen Betreuung weiter. Als Tarifkunde hat der Kunde in aller Regel keinen persönlichen Ansprechpartner. Themen wie Rechnungsreklamation oder Anpassungen der Rahmendaten muss er mit einem anonymen Kundenzentrum beziehungsweise einer Hotline klären. Ein Sondervertragskunde hat dagegen einen festzugeordneten Kundenmanager, mit welchem er jegliche Themen der Strombelieferung direkt besprechen kann. Dies ist ein wichtiger Aspekt, da weniger interne Kapazitäten gebunden werden (Kap. 5). Sondervertragskunden können den Stromlieferpreis und sonstige Konditionen der Stromlieferung individuell aushandeln. Der Gesamterfolg der Strombeschaffung unterliegt somit auch dem eigenen Verhandlungsgeschick.

In den meisten Fällen teilt sich ein Sondervertragsangebot in die Komponenten Energiepreis und nicht beeinflussbare Komponenten (Netznutzungsentgelte, Steuern, Umlagen, Abgaben) auf. Die nicht beeinflussbaren Kostenbestandteile stellt der Stromlieferant in ihrer jeweils aktuellen Höhe dem Kundenunternehmen in Rechnung. Somit trägt der Kunde im Vergleich zum Tarifkunden das Risiko von Preissteigerungen dieser Komponenten während der Laufzeit. Doch muss er nicht die in den Tarifprodukten eingepreisten Sicherheitsmargen für Preissteigerungen bezahlen. In der Regel stellt sich der Kunde damit besser. Ab einer gewissen Verbrauchsmenge je Abnahmestelle kann der Kunde ohnehin nicht mehr in der Tarifstruktur bleiben, da diese Verbrauchsobergrenzen vorsehen. Auch Themen wie Zahlungsziele oder Rechnungsstellung kann der Stromkunde in einem Sondervertrag aushandeln. Er kann ein für die eigenen Betriebsabläufe besseres Gesamtergebnis erreichen. Vor allem für Kunden mit vielen kleineren Abnahmestellen, welche durch Tarifprodukte beliefert werden, bringt eine Bündelung aller Abnahmestellen Vorteile. Kundenunternehmen können in diesem Fall einen Sondervertrag für alle Abnahmestellen mit einem Stromlieferanten aushandeln. Kapitel 5 greift die Chancen und Risiken der Bündelung im Detail auf.

Praxisbeispiel: Wechsel aus einem Tarifvertrag in einen Sondervertrag
Kundenunternehmen A betreibt 15 Verkaufsstudios für Designermöbel, welche überregional verteilt sind. Jedes dieser Studios hat einen Jahresverbrauch von etwa 40.000 kWh. Bisher hatte A für jede Filiale einen Tarifvertrag mit dem jeweiligen örtlichen Versorger abgeschlossen. A entscheidet sich dafür, für alle Abnahmestellen einen Sondervertrag mit dem Stromversorger B abzuschließen. Dieser beliefert nun alle 15 Verkaufsstudios mit Strom. In den Tarifverträgen zahlte A je verbrauchte Kilowattstunde durchschnittlich 24 Cent/kWh. Im Sondervertrag zahlt A lediglich 21 Cent/kWh. Insgesamt konnte A durch diesen Schritt der Bündelung Kosten in Höhe von 18.000 € sparen.

Zusammenfassend gilt, dass Stromkunden, wann immer möglich, Tarifverträge durch Sonderverträge ersetzen sollten. Sofern das Unternehmen mehrere Abnahmestellen hat, kann es dies am einfachsten durch den Abschluss eines Sonderrahmenvertrages erreichen.

Der Abschluss eines Sondervertrages kann aufgrund einer zu geringen Verbrauchsmenge oder keiner Möglichkeit zur Bündelung nicht möglich sein. Ist dies der Fall, sollte das Kundenunternehmen den Stromversorger ansprechen, ob der aktuelle Versorgungstarif wirklich der günstigste beziehungsweise geeignetste Tarif ist. Die Versorgung über Grundversorgungstarife sollte das Unternehmen unbedingt vermeiden beziehungsweise zeitlich begrenzen. Vor allem Filialkunden

Tab. 3.2 Vergleich Sondervertrag – Tarifvertrag

Merkmal	Sondervertrag	Tarifvertrag
Kundenbetreuung	In der Regel persönlicher Kundenbetreuer	In der Regel Callcenter oder Servicecenter
Kündigungsfrist	Verhandelbar	Fest vorgegeben
Preisliche Konditionen	Verhandelbar	Fest vorgegeben
Vertragsgrundlage	Individuell gestaltbar	Standardisiert
Kalkulationsgrundlage	Kundenindividuelle Kalkulation	Standardisiertes Tarifangebot
Verbrauchsgrenzen	Ab einer bestimmten Mindestmenge	In der Regel bis zu einer bestimmten Maximalmenge
Budgetsicherheit	In der Regel nur für den „Netto-Energiepreis" beziehungsweise die Servicegebühr während der Vertragslaufzeit	In der Regel für alle Preiskomponenten während der Vertragslaufzeit
Vertragslaufzeit	Verhandelbar	Standardisiert

(mehrere Abnahmestellen) finden dadurch häufig leicht zu realisierendes Optimierungspotenzial.

Aufgrund der Intensivierung des Wettbewerbs auf dem Markt der Stromlieferanten ist mit einer Zunahme der Tarifangebote zu rechnen. Die zukünftige Grenze zwischen Sondervertragskunden und Tarifkunden wird perspektivisch nicht mehr so deutlich verlaufen wie bisher. Marktbeobachter rechnen mit einer starken Zunahme von individualisierten Tarifangeboten. Dies können Tarife sein, welche die Verschiebung von Stromverbrauch in nachfrageschwächere Tageszeiten begünstigen. Für Unternehmen mit einem durch das eigene Geschäftsmodell definierten Verbrauchsverhalten bleibt abzuwarten, inwieweit solche Tarife einen tatsächlichen Mehrwert darstellen können. Es lohnt auf jeden Fall, sich regelmäßig mit dem eigenen Stromversorger über neue Produkte auszutauschen.

Tabelle 3.2 fasst die wesentlichen Unterschiede zwischen Sondervertrag und Tarifvertrag zusammen.

3.4 Die Regelung von Mengenabweichungen

Im Rahmen eines Sondervertrages stellt sich aus Sicht des Stromlieferanten die Problematik, dass die Kalkulation des Strompreises auf der Basis einer Prognose stattfindet. Sie basiert primär auf Daten der Vergangenheit. Die tatsächliche Verbrauchsmenge des Kundenunternehmens kann von der prognostizierten Verbrauchsmenge erheblich abweichen. Gründe können betriebswirtschaftlicher Natur sein wie unerwartete Niederlassungsschließungen, Kurzarbeit oder längerfristige technische Defekte. Durch die Einführung von Extraschichten oder eine Expansion kann es auch zu einem höheren Verbrauch im Vergleich zur Prognosemenge kommen. Für den Stromlieferanten stellt sich das Problem, dass er zu wenig beziehungsweise zu viel Strommenge am Großhandelsmarkt beschafft hat. Diese Mengen muss er am Markt zu- beziehungsweise verkaufen. Dies erfolgt zu Marktpreisen, welche von den Preisen zum Zeitpunkt der Angebotskalkulation abweichen. Für diese Mengen trägt der Stromversorger das Mengen- beziehungsweise Marktpreisrisiko.

Exkurs: Die Back-to-Back-Beschaffung

Bei der Back-to-Back-Beschaffung handelt es sich um eine Beschaffungsstrategie von Energieversorgungsunternehmen. Sie findet in aller Regel im Sonderkundenbereich Anwendung. Auch für Kundenunternehmen ist deren Kenntnis von Bedeutung, um bestimmte Produkte beziehungsweise vertragliche Regelungen im Verhältnis zum Stromlieferanten zu verstehen. In der Back-to-Back-Beschaffung kalkuliert der Stromanbieter sein Angebot auf Basis der aktuellen Großhandelspreise, beschafft die benötigte Strommenge jedoch erst bei Vertragsabschluss.

Aus Sicht des Stromanbieters ist der Abschluss eines Stromliefervertrages ein Short-Geschäft. Der Kauf der vertraglich vereinbarten Menge ist ein Long-Geschäft. Bei der Back-to-Back-Beschaffung finden Short- und Long-Geschäft immer gemeinsam statt.

Praxisbeispiel: Back-to-Back-Beschaffung und Angebotsannahme

Energieversorger A nimmt an der Stromlieferausschreibung des Kundenunternehmens B teil. Am Tag der Angebotsabgabe kalkuliert A das Stromlieferangebot auf Basis der aktuellen Großhandelspreise. Zwei Stunden nach Angebotsabgabe benachrichtigt B den zuständigen Kundenbetreuer von A über die Angebotsannahme und sendet eine Annahmeerklärung. Der Kundenbetreuer benachrichtigt die Handelsabteilung von A, welche die benötigte Strommenge am Großhandelsmarkt einkauft („hedgt").

Der Energieversorger vermeidet mit dieser Strategie Spekulationsrisiken. Bei größeren Verbrauchsmengen können sich diese schnell summieren. Daher muss bei Festpreisangeboten zwischen indikativen und verbindlichen Angeboten unterschieden werden. Bei einem indikativem Angebot behält sich der Stromanbieter vor, sein Angebot den volatilen Großhandelspreisen anzupassen. Bei einem verbindlichen Angebot trägt der Lieferant das Marktpreisrisiko, dass sich die Marktpreise zu seinen Ungunsten verändern können. Er wird daher einen Bindefristaufschlag als Sicherheitspuffer in sein Angebot einkalkulieren. Aus diesem Mechanismus ergeben sich für das ausschreibende Kundenunternehmen Handlungsempfehlungen welche Kap. 7 detailliert darstellt. Eine andere Handelsstrategie der Energieversorgungsunternehmen ist die schrittweise Beschaffung von Teilmengen an den Großhandelsmärkten zum Aufbau eines Portfolios. Dieses wird dann Schritt für Schritt verkauft. Diese Beschaffungsweise findet primär im Tarifbereich Anwendung. Daher wirken sich Änderungen der Großhandelspreise bei Tarifkunden tendenziell mit einem gewissen Zeitverzug aus. Bei Sondervertragskunden findet diese Strategie in aller Regel keine Anwendung. Für sie wirken sich Änderungen der Großhandelspreise daher unmittelbar bei der Angebotskalkulation der Stromversorger aus.

Sein Marktrisiko muss der Stromversorger absichern. Hierfür hat er drei Möglichkeiten:

- Kalkulation eines Risikoaufschlages
- Mehr- beziehungsweise Minderverbrauchsmengenkorridor
- Take-or-Pay-Vereinbarung

Kalkulation eines Risikoaufschlages

Bei der Kalkulation schlägt der Stromlieferant einen Risikoaufschlag auf den bereits kalkulierten Energiepreis, um die Übernahme des Risikos zu berücksichtigen. Aus der Sicht des Gesamtgeschäfts ist diese Vorgehensweise verständlich, da der Kunde von einer Risikoposition befreit wird. Die Höhe des Aufschlages berechnet jeder Stromlieferant je nach Risikoprofil des Kundenunternehmens sehr unterschiedlich. Ein sicher zu prognostizierendes Einzelhandelsunternehmen wird einen anderen Risikoaufschlag erhalten als ein Automobilzulieferer. Dieser hat zum Beispiel in Zeiten der Kurzarbeit pro Jahr oft 30 bis 40 % weniger Strombedarf als in der Angebotskalkulation prognostiziert.

Der Stromeinkäufer eines Kundenunternehmens muss sich entsprechend bewusst sein, dass, wenn er eine Mehr- beziehungsweise Minderverbrauchsregelung oder Take-or-Pay-Regelung in den Vertragsverhandlungen ablehnt, dafür ein höherer Energiepreis zu zahlen ist als mit einer entsprechenden Regelung. Diesen Aspekt muss das Kundenunternehmen beachten, wenn es mit der Maxime „keinen Mengenkorridor oder keine Abnahmeverpflichtung" in die Vertragsverhandlungen geht.

Mengenkorridore

Bei Sondervertragskunden ist ab einer bestimmten Mindestverbrauchsmenge (z. B. 10 GWh pro Jahr) in aller Regel eine Klausel im Stromliefervertrag enthalten, welche die Abweichungen zwischen vertraglich vereinbarter Menge und tatsächlichem Verbrauchsverhalten regelt. In den meisten Fällen enthält die Regelung ein Toleranzband, innerhalb dessen Verbrauchsgrenzen der Vertragspreis beziehungsweise die vertraglich vereinbarte Berechnungsmethode unverändert bleibt. Gängig sind dabei 80/120-Toleranzbänder. Das bedeutet, innerhalb von 20 % Schwankungen um die vereinbarte Verbrauchsmenge erhält der Kunde die vertraglich vereinbarten Konditionen.

Praxisbeispiel: Verbrauchsgrenzen bei einem Mengenkorridor

Kundenunternehmen A ist ein mittelständisches Maschinenbauunternehmen mit drei Produktionsstandorten und einem Lager. Insgesamt haben die Standorte einen Stromverbrauch von 10 GWh (10 Mio. kWh) jährlich. Alle Standorte werden von Stromversorger B beliefert. A und B haben vertraglich einen Festpreis mit einem Toleranzband von 90/110 vereinbart. Im Folgejahr weitet A seine Produktion aus und verbraucht 11 GWh. Da sich A noch innerhalb der Schwankungstoleranz befindet, muss es für jede verbrauchte Kilowattstunde den vereinbarten Preis bezahlen.

Für das Kundenunternehmen sind bei Fragen zu Mengentoleranzvereinbarungen drei Aspekte zu beachten.

Der erste Aspekt ist die Frage, auf welchen Zeitraum sich das Toleranzband bezieht. In den meisten Fällen beziehen sich die Regelungen auf ein Jahr. Teilweise ist der Betrachtungszeitraum jedoch auch auf ein Quartal bezogen. Idealerweise kann das Kundenunternehmen mit seinem Lieferanten eine Jahresregelung vereinbaren.

Je nach Geschäftsmodell beziehungsweise Branche ist ein Quartalskorridor zu eng, um im Falle zyklischer Verbrauchsschwankungen genügend Spielraum zu haben. Im Zweifel kann es auch Sinn machen, einen größeren Spielraum beim Mengenkorridor mit einem etwas höheren Energiepreis zu erkaufen. Bei Einzelhandelsunternehmen beziehungsweise klassischen Bürobetrieben sind größere Verbrauchsschwankungen eher die Ausnahme. Für Unternehmen aus dem produzierenden Gewerbe ist die Frage der Höhe des Mengenkorridors dagegen von größerer Bedeutung. Ihre Verbrauchsstruktur ist deutlich konjunkturabhängiger und schwankt daher in höherem Maße.

Verrechnung von Über- oder Unterschreitungen

Der zweite Aspekt neben der Höhe des Toleranzbandes ist die Regelung der Verrechnung von Über- oder Unterschreitungsmengen. In vielen Fällen schlagen Stromlieferanten bei einem Über- oder Unterschreiten gewisse Aufschläge auf den vereinbarten Energiepreis. Innovative Stromlieferanten bieten Vereinbarungen, welche die Über- oder Untermengen mit den jeweils gültigen Börsenpreisen verrechnen. Das heißt, Mehrmengen werden gemäß einer vereinbarten Formel an der Börse beschafft und können so den Energiepreis des Kunden anpassen. Umgekehrt werden überschüssige Mengen an der Börse verkauft. Aus Kundensicht sind solche Vereinbarungen fairer. Sie legen dem Kunden nicht einseitig Aufschläge auf, sondern lassen ihn an den Marktchancen teilhaben. So kann eine Verrechnung über die Börse den Energiepreis günstiger machen als dies ursprünglich vereinbart war.

Praxisbeispiel: Überschreiten des Mengenkorridors
Im vorigen Beispiel hat Kundenunternehmen A durch die Expansion einen Gesamtverbrauch von 12 GWh. Damit überschreitet A das vereinbarte Toleranzband um 1 GWh. Diese zusätzliche Gigawattstunde wird von B an der Börse zugekauft. Im Vergleich zum Zeitpunkt des Vertragsabschlusses sind die Großhandelspreise gefallen. Aus dem vertraglich vereinbarten Preis für die 11 GWh und dem Börsenpreis für die zusätzliche eine Gigawattstunde wird ein neuer mengengewichteter Mischpreis gebildet. Aufgrund der gefallenen Preise liegt dieser unterhalb des Vertragspreises.

Es empfiehlt sich, eine entsprechende Regelung zum Ausschreibungsinhalt zu machen beziehungsweise in direkten Verhandlungen mit dem Lieferanten umzusetzen.

Verbrauchsgrenzen der Mengenvereinbarung

Der dritte Aspekt für Kundenunternehmen bei Mengenvereinbarungen ist die Frage, ab welcher Verbrauchsmenge ein Mengenkorridor greift. Bei den meisten Stromlieferanten gelten entsprechende Mehr- oder Minderverbrauchsregelungen nicht für alle Sondervertragskunden sondern erst ab einer gewissen Verbrauchsmenge. Häufig ist die entsprechende Mengengrenze von circa zehn Gigawattstunden vorgesehen. Viele mittelständische Unternehmen liegen an der Grenze zu dieser Schwelle. Sie können entsprechende Vertragsklauseln mit dem Stromanbieter verhandeln. Ist die Grenze nur knapp überschritten, so macht es Sinn, mit dem Stromlieferanten zu verhandeln, inwieweit nicht auf die Mengenkorridorklausel ohne Auswirkung auf den Energiepreis verzichtet werden kann. Der Wettbewerb unter Stromlieferanten hat erheblich zugenommen und erhöht oft die Kompromissbereitschaft aufseiten der Stromanlieferanten.

Take-or-Pay-Vereinbarungen

Eine Take-or-Pay-Regelung ist eine besonders stringente Form der Mehr- oder Mindermengenverrechnung. Diese Art der Vereinbarung ist deutlich häufiger im Gas- als im Strombereich anzutreffen. Landläufig wird jede Mehr- oder Mindermengenklausel bei Kundenunternehmen meist als Take-or-Pay-Regelung bezeichnet. In den meisten Fällen ist damit jedoch ein Toleranzband gemeint. Eine klassische Take-or-Pay-Klausel ist eine Regelung, welche festlegt, dass eine bestimmte Mindestmenge (z. B. 90 %) entweder garantiert abzunehmen oder zumindest zu bezahlen ist. Das Energieversorgungsunternehmen erhält praktisch eine Zahlungsgarantie. Für kleinere und mittlere Unternehmen spielen entsprechende Regelungen in der Strombeschaffung nur noch selten eine Rolle. Sie sollten auf jeden Fall vermieden werden. Wird dem Kundenunternehmen eine entsprechende Vertragsklausel vorgelegt, sollte es diese ablehnen. Der gegenwärtige Strommarkt ist überwiegend über die Regelungen hinweggegangen. Entsprechende Regelungen spiegeln nicht die üblichen Marktkonditionen für ein Unternehmen mit einem mittleren Stromverbrauch wider. Eine Take-or-Pay-Klausel beteiligt den Kunden nicht an den Marktchancen, wie es ein Toleranzband mit Verrechnung über die Börse ermöglicht. Für bestimmte Großverbraucher ist eine Take-or-Pay-Regelung oftmals notwendig, für kleinere und mittlere Unternehmen nicht.

Zusammenfassend gilt, dass Regelungen von Verbrauchsabweichungen ein wichtiger Aspekt im Ausschreibungsprozess beziehungsweise den Vertragsverhandlungen sind. Je schwankungsanfälliger der Stromverbrauch eines Unternehmens ist, desto bedeutender ist dieser Aspekt der Strombeschaffung für ein Unternehmen.

3.5   Der Arbeitspreis und Grundpreis

Der vom Stromlieferanten kalkulierte Preis ohne Netzentgelte, Steuern, Abgaben und Umlagen kann sich aus verschiedenen Komponenten zusammensetzen. Für einen Angebotsvergleich muss der Kunde daher alle Komponenten des vom

Stromlieferanten kalkulierten Preises betrachten und in die Vergleichsanalyse einbeziehen. So setzt sich der Gesamtstrompreis oftmals aus einer verbrauchsunabhängigen Komponente (Grundpreis) und einem Preis je verbrauchte Kilowattstunden (Arbeitspreis) zusammen. In Tarifverträgen ist die Aufteilung in Grund- und
Arbeitspreis oftmals vorgegeben. In Sonderverträgen können Lieferant und Kunde
die Komponenten frei verhandeln. Die energiewirtschaftliche Begründung für den
Grundpreis ist, dass bei der Stromlieferung für den Lieferanten Kosten unabhängig
von der gelieferten Menge anfallen. Dies sind zum Beispiel Kosten für Rechnungsstellung, Abrechnung, oder Inkasso. Der Grundpreis kann jährlich oder monatlich
je Abnahmestelle anfallen.

Entscheidung für oder gegen einen Grundpreis

Im Sondervertragsbereich unterliegen die Preiskonditionen dem Verhandlungsgeschick der Vertragspartner. Das Kundenunternehmen hat die Freiheit, ein Preismo-
dell auszuschreiben, welches nur einen Energiearbeitspreis und keine verbrauchsunabhängige Komponente vorsieht. Dafür kann es gute Gründe geben. Wenn das
Unternehmen beispielsweise viele kleine Abnahmestellen mit geringem Verbrauch
hat, macht es Sinn, nur für die verbrauchten Mengen Kosten anfallen zu lassen.
Jedoch muss sich der Ausschreibungsverantwortliche im Klaren darüber sein,
dass der Stromversorger den Wegfall der verbrauchsunabhängigen Komponente
auf den Arbeitspreis umlegt. Dieser fällt entsprechend höher aus. In der Regel gilt
der Grundsatz, je niedriger der Grundpreis desto höher der Arbeitspreis des Lieferanten. Sofern das Kundenunternehmen verschiedene große und kleine Standorte
hat, kann es auch Sinn machen beim Grundpreis-Cluster zu berücksichtigen. Das
bedeutet, dass für die kleinen Standorte ein niedrigerer beziehungsweise gar kein
Grundpreis zu bezahlen ist.

Praxisbeispiel: Arbeitspreis – Grundpreis

Bank A ist eine regionaltätige Genossenschaftsbank. A hat zwei Geschäfts-
stellen mit einem Jahresverbrauch von jeweils 150.000 kWh. Daneben betreibt A im eigenen Geschäftsgebiet mehrere Geldautomaten mit einem
durchschnittlichen Stromverbrauch von 3500 kWh pro Jahr je Abnahmestelle. Mit dem Stromversorger B hat A vereinbart, dass für die kleineren Abnahmestellen kein jährlicher Grundpreis zu zahlen ist, sondern ein etwas höherer
Arbeitspreis. Auf diese Weise fallen für die Automatenstandorte geringere
Fixkosten an.

Auch dies ist eine Abwägungsentscheidung, die je nach Unternehmensstruktur ausfällt.

Angebotsvergleich von Arbeits- und Grundpreis

Vor allem bei Angebotsvergleichen ist der Unterschied Arbeitspreis und Grundpreis von Bedeutung. Er führt häufig bei kleineren und mittleren Unternehmen zu falschen Angebotsbewertungen. Aus Zeitgründen prüfen Kundenunternehmen die Angebote der Stromlieferanten oftmals nicht korrekt. Die Angebotsblätter, beziehungsweise Angebotsdarstellungen, unterscheiden sich häufig. Teilweise erfolgt keine Ausweisung der Gesamtkosten inklusive (Netzentgelte, Steuern, Umlagen, Abgaben). Es liegt dann am Beschaffungsverantwortlichen, die Angebote vergleichbar zu machen. Hierbei versuchen nicht wenige Anbieter, die wirklichen Kosten ihres Angebots in verschiedenen Preisbestandteilen zu verstecken. So kommt es nicht selten vor, dass Kundenunternehmen nur die Arbeitspreise miteinander vergleichen und bestimmte verbrauchsunabhängige Komponenten unberücksichtigt bleiben. Als Ergebnis erhält das Unternehmen zwar einen vermeintlich günstigen Arbeitspreis jedoch einen höheren Gesamtpreis, da noch eine verbrauchsunabhängige Komponente Berücksichtigung findet. Im Zweifel geht hier Gründlichkeit vor Schnelligkeit. Wichtig für Kundenunternehmen ist, während des gesamten Ausschreibungsprozesses die Einstellung: „Lieber eine Rückfrage mehr an den Stromanbieter als ein böses Erwachen im Nachhinein." Der verantwortliche Mitarbeiter sollte sich unübersichtliche Angebotsstrukturen erklären lassen. Antworten kann er sich per Mail dokumentieren lassen, um im Zweifel Klarheit für spätere Fälle zu haben. Als Alternative bietet sich an, eine eigene Angebotsvorlage im Ausschreibungsprozess zu nutzen und diese von den Stromanbietern ausfüllen zu lassen. Dies erfordert zwar mehr Aufwand in der Vorbereitung, erleichtert jedoch die Angebotsauswertung und schafft Sicherheit bei der Angebotsanalyse. Grundlage dabei ist es, mit einer klaren Vorstellung des gewünschten Produktes in den Ausschreibungsprozess zu gehen. Es muss für alle Ausschreibungsteilnehmer deutlich sein, welches Beschaffungsprodukt beziehungsweise welche Preisstruktur gewünscht ist.

Neben dem vom Stromlieferanten kalkulierten Angebotspreis spielt die Unterscheidung Arbeitspreis und Grundpreis, beziehungsweise Leistungspreis auch bei den Netzentgelten eine Rolle.

Exkurs: Der Leistungspreis bei den Netzentgelten

Ähnlich dem Energiepreis ergibt sich auch bei den Netzentgelten für Kunden mit registrierender Leistungsmessung eine Aufteilung der Gesamtnetznutzungsgelte in verschiedene

Bestandteile. Kundenunternehmen können die Netznutzungsentgelte nicht frei aushandeln. Jedoch hilft ein Bewusstsein darüber in Fragen der Rechnungsprüfung sowie dabei, die Zusammenhänge der Gesamtkosten im Blick zu behalten. Die Netznutzungsentgelte setzen sich in aller Regel aus drei Komponenten zusammen:

- Arbeitspreis in Cent pro Kilowattstunde (Cent/kWh)
- Grundpreis Euro je Jahr
- Leistungspreis in Euro je Kilowatt

Der Arbeitspreis ist wie beim vom Stromversorger kalkulierten Netto-Energiepreis eine verbrauchsabhängige Vergütung, welche in Cent je Kilowattstunde berechnet wird. Der Grundpreis der Netzentgelte wird genauso wie der Grundpreis eines kalkulierten Stromlieferangebotes verbrauchsunabhängig in Rechnung gestellt.

Der Leistungspreis ist eine Komponente, welche beim reinen Energiepreis nicht vorkommt, jedoch für die Netzentgeltberechnung von Bedeutung ist. Die Berechnung des Leistungspreises richtet sich nach der höchsten in einer Abrechnungsperiode (Monat, Jahr) benötigen Kilowatt-Maximalleistung. Dieser Wert wird mit dem vom Netzbetreiber veröffentlichten Leistungspreis multipliziert.

Praxisbeispiel: Berechnung des Leistungspreises bei der Netznutzung

Die Großwäscherei A hat im Lieferjahr 2012 eine maximale Leistungspitze von 1800 kW. Netzbetreiber B hat auf seinem Preisblatt für die entsprechende Kundengruppe einen Leistungspreis von 45 € je Kilowatt ausgewiesen.

45 € × 1800 kW = 81.000 €. Der zu zahlende Leistungspreis für die Netznutzung für A beträgt 81.000 €.

Um die Netznutzungsentgelte spürbar zu senken, kann das Kundenunternehmen versuchen, durch Energieeffizienzmaßnahmen den maximalen Kilowatt-Leistungswert zu senken. In vielen Branchen sind die maximalen Leistungswerte beziehungsweise ihr zeitliches Auftreten durch die Branchenzughörigkeit determiniert. Plötzlich und überraschend auftretende Leistungsspitzen können ein Hinweis auf Störungen im routinemäßigen Betriebsablauf sein. Sie sollten Gegenstand einer näheren Untersuchung sein. Auch können sie auf eine Störung der Messtrecke des Messstellenbetreibers hinweisen. Die Rechnungsprüfung sollte daher die abgerechneten Leistungswerte zumindest stichprobenartig auf deutliche und untypische Ausreißer hin prüfen. Im Zweifel muss eine Abstimmung mit den Betriebs- beziehungsweise Niederlassungsleitern erfolgen.

Der Netzbetreiber muss alle Preiskomponenten (Arbeitspreis, Grundpreis, Leistungspreis) auf seiner Homepage in Form eines Preisblattes veröffentlichen.

Die Strombeschaffungsstrategien

4

Der Entscheidungsprozess für ein passendes Strombeschaffungsmodell ist das Kernstück der ganzheitlichen Strombeschaffungsstrategie. Vor allem für Kundenunternehmen aus Branchen mit einem hohen Stromkostenanteil wächst seit der Energiewende der Kostendruck. Die Festlegung einer passenden Energiebeschaffungsstrategie muss deshalb einen Beitrag leisten, um dem Kostendruck zu begegnen und das Gesamtunternehmensziel zu erreichen. Im Mittelpunkt dieses betrieblichen Entscheidungsprozesses steht die Festlegung und Umsetzung des für das Unternehmen geeignetsten Strombeschaffungsmodells. Ein Modell, welches das eigene Geschäftsmodell zentral berücksichtigt.

Die Identifikation von geeigneten Beschaffungsmodellen kann meistens nur durch die Kommunikation mit den Stromanbietern erfolgen. Der Markt der Stromversorgung ist vor dem Hintergrund einer schnell wachsenden Wettbewerbsintensität und sich häufig ändernden energiewirtschaftlichen Rahmenbedingungen zunehmend heterogen. Um vor diesem Hintergrund eine zweckdienliche Entscheidung zu treffen, muss sich jeder Beschaffungsverantwortliche einen alten Leitspruch vor Augen führen: *„Entscheide Dich nur für ein Produkt, welches Du in seinem Wesen verstehst.“*

Alle angebotenen Strombeschaffungsprodukte bauen auf den Entwicklungen und Mechanismen der internationalen Energiemärkte auf. Diese gehören zu den komplexesten Märkten in einer Marktwirtschaft. Trotzdem sollte jeder für den Stromeinkauf Verantwortliche zumindest die grundsätzlichen Chancen und Risiken kennen. Nur dann lassen sich Vor- und Nachteile der verschiedenen angebotenen Modelle beziehungsweise Produkte der Energiebranche verstehen. Oftmals unterscheiden sich die einzelnen Beschaffungsmodelle und Dienstleistungen von Anbieter zu Anbieter und manchmal auch nur im Detail. Erschwerend kommt hin-

© Springer Fachmedien Wiesbaden 2015
I. Schumacher, P. Würfel, *Strategien zur Strombeschaffung in Unternehmen*,
DOI 10.1007/978-3-658-07422-7_4

zu, dass jeder Anbieter die Modelle beziehungsweise Produkte unterschiedlich bezeichnet.

Der informierte Marktbeobachter kann aus den unterschiedlichen Angeboten verschiedene Produktgruppen festlegen. Diese Produktgruppen kann er auf ihre Zweckmäßigkeit für die eigene Strombeschaffung untersuchen. Mit Blick auf die Marktinnovationen zur Strombeschaffung waren die letzten Jahre vor allem für mittelständische Unternehmen interessant. Früher waren es lediglich die Großkonzerne, die durch ausgeklügelte Beschaffungsstrategien von Marktentwicklungen profitieren konnten. Inzwischen fanden diese Produktentwicklungen auch ihren Weg in die Angebote für Unternehmen mit mittlerem oder geringem Stromverbrauch. Auch mittelständische Unternehmen können deshalb an den Chancen dieser Beschaffungsmodelle partizipieren und jenseits der klassischen Modelle direkt von Marktbewegungen profitieren. Dieses Kapitel stellt die gängigen Produktgruppen vor und beschreibt deren Unterschiede.

Ein Sonderpunkt bei den Strombeschaffungsmodellen ist die Einbindung des Spotmarktes in die Beschaffung. Nicht zuletzt die Entwicklungen der Energiewende haben die Einbindung des Spotmarktes auch für mittelständische Kunden zu einer interessanten Alternative gemacht. Doch auch hier muss jedes Kundenunternehmen die Chancen gegen die Risiken individuell abwägen.

Ein weiterer Aspekt der Strombeschaffung, der durch die Energiewende an besonderer Bedeutung gewonnen hat, ist der Aspekt der nachhaltigen Strombeschaffung – die sogenannte Grünstrombeschaffung. Bis heute hat sich dazu ein unübersichtlicher Teilmarkt mit einer sehr heterogenen Angebotsvielfalt entwickelt. Auch hier gibt das Kapitel einen Überblick über die gängigen Produkte und die damit verbundenen Chancen und Risiken. Zur Vorbereitung der Entscheidung für die passende Strombeschaffungsstrategie finden sich in den folgenden Abschnitten Antworten auf diese Kernfragen:

1. Welche Produktoptionen der Strombeschaffung hat mein Unternehmen?
2. Welche Vor- und Nachteile sind mit den Produkten verbunden?
3. Wie identifiziere ich das passende Produkt für mein Unternehmen?

4.1   Die verschiedenen Strombeschaffungsmodelle

Grundsätzlich lassen sich vier Beschaffungsmodelle unterscheiden:

* Stichtagsbeschaffung
* Indexbeschaffung

- Tranchenbeschaffung
- Portfoliomanagement

Die Beschaffungsmodelle beziehen sich hierbei auf den reinen „Netto-Strompreis", welchen das Kundenunternehmen mit dem Stromlieferanten aushandeln kann. Nicht enthalten sind die Netzentgelte beziehungsweise die Steuern, Abgaben und Umlagen. Diese Preisbestandteile sind durch den Gesetzgeber reguliert. Das Kundenunternehmen kann diese nicht durch sein Beschaffungsmodell beeinflussen.

Stichtagsbeschaffung

Die Stichtagsbeschaffung ist der Klassiker unter den Beschaffungsmodellen. Sie wird auch als Festpreis oder Fixpreisbeschaffung bezeichnet. Vor allem für kleinere und mittlere Unternehmen ist dieses Modell nach wie vor das gängigste Produkt zur Energie- beziehungsweise Strombeschaffung und für viele Stromanbieter ist es bis heute auch das einzige Produkt, das sie kleineren und mittleren Unternehmen anbieten. Es ist das Grundlagenmodell, welches die überwiegende Mehrheit der Stromanbieter neben anderen Produkten offeriert.

Bei der Stichtagsbeschaffung deutet bereits die Produktbezeichnung auf die Art der Beschaffung hin. Der gesamte Strombedarf wird an einem Stichtag über einen Energieversorger beschafft und einmalig preislich fixiert (Abb. 4.1).

Dabei kann sich der Gesamtpreis aus den Preiskomponenten Arbeitspreis und Grundpreis zusammensetzen. Er enthält die Energiebeschaffungskosten und die Aufschläge des Energieversorgers. In aller Regel gilt der Preis für die vertraglich fixierte Laufzeit.

Beschaffung zu einem Zeitpunkt

Im Vergleich zu den anderen Beschaffungsmodellen ist das wesentliche Charakteristikum dieser klassischen Beschaffungsweise der Einkauf der Gesamtmenge zu einem Zeitpunkt. Daraus resultiert folgende Besonderheit: Obwohl der Preis der freien Verhandlung der Vertragsparteien und somit auch dem Verhandlungsgeschick des verantwortlichen Stromeinkäufers unterliegt, sind eine wesentliche Preiskomponente die Strombeschaffungskosten des Stromlieferanten. Aufgrund der üblichen Back-to-Back-Beschaffung der Stromversorger sind die Strombeschaffungskosten zum wesentlichen Teil durch das Preisniveau der Großhandelsmärkte zum Einkaufszeitpunkt determiniert. Auf diesen Strombeschaffungskosten

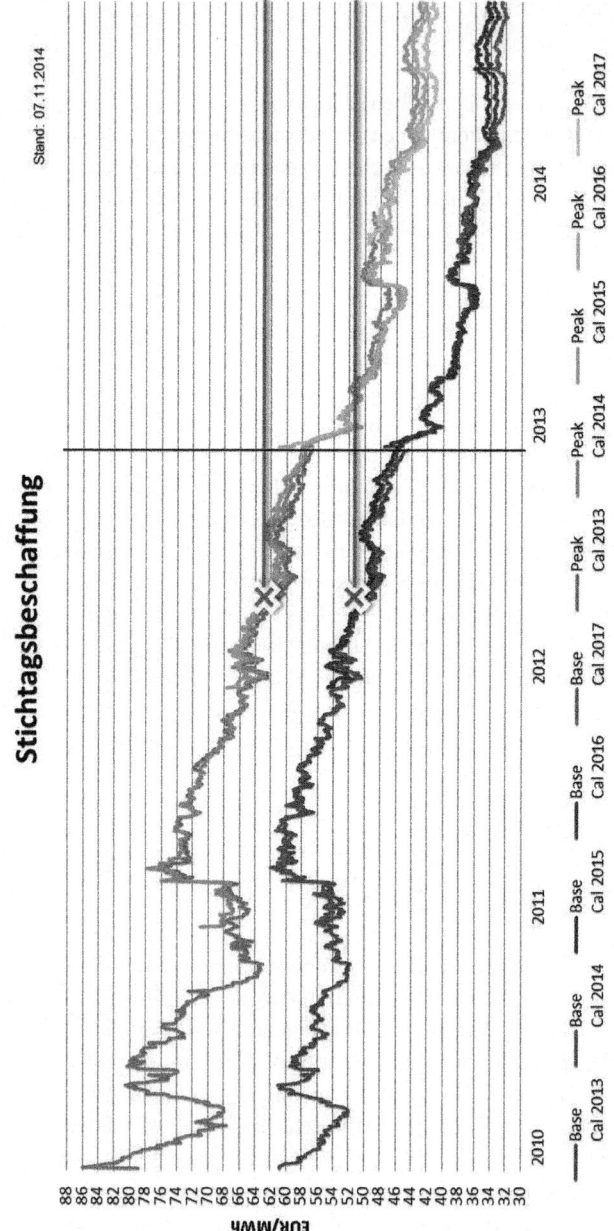

Abb. 4.1 Prinzip Stichtagsbeschaffung

baut der Energieversorger seine Angebotskalkulation auf. In der Kalkulation sind naturgemäß auch die Gewinnmarge des Stromversorgers sowie die Kosten für die Abwicklung (Logistik, Abrechnung etc.) enthalten. Neben diesen Aufschlägen berücksichtigt der Stromversorger in seiner Kalkulation bestimmte Risiken (Mengenabweichungen, Prognoseabweichungen, Handelsrisiken an den Großhandelsmärkten, Ausfallrisiken). Diese schlagen sich in Form von Risikoaufschlägen auf den Energiepreis nieder. Die Kalkulation dieser Aufschläge kann sich von Stromanbieter zu Stromanbieter unterscheiden. Jeder Stromanbieter berücksichtigt sie jedoch in seiner Kalkulation.

Exkurs: Die Risiken der Strombeschaffung für den Stromanbieter

Aus Sicht des Stromlieferanten entstehen bei der Strompreiskalkulation gewisse Risiken. Er muss diese bei der Kalkulation des individuellen Strompreises berücksichtigen. Die wichtigsten Risiken sind:

Prognoserisiko/Marktpreisrisiko:
Für den Stromlieferanten entsteht ein Mengen- beziehungsweise Marktpreisrisiko, da das Verbrauchsverhalten des Stromabnehmers erheblich vom prognostizierten Verhalten abweichen kann (Prognoserisiko). Verbraucht der Kunde weniger, muss der Stromlieferant die von ihm bereitgestellte Überschussmenge am Großhandelsmarkt verkaufen. Verbraucht der Kunde mehr, muss der Lieferant die fehlende Menge am Großhandelsmarkt nachkaufen. Je nach Preisentwicklung am Großhandelsmarkt kann es hierbei zu einem Verlust kommen (Marktpreisrisiko).

Counterpart-Risiko:
Dieses Risiko bezieht sich auf das Handelsgeschäft am Großhandelsmarkt zwischen dem Käufer und dem Verkäufer eines Großhandelskontraktes. Der Stromversorger geht gegenüber dem Kundenunternehmen eine Lieferverpflichtung ein. Diese Menge sichert er sich über den Großhandelsmarkt ab (Hedge). Da zwischen Vertragsschluss und Beginn der Lieferung jedoch ein Zeitverzug besteht, tritt ein Kontrahentenrisiko ein. Der Handelspartner (Counterpart) am Großhandelsmarkt kann insolvent gehen und seiner Stromlieferverpflichtung nicht mehr nachkommen. Gegenüber dem Endkundenunternehmen bleibt die Lieferverpflichtung bestehen. Der Stromversorger muss in diesem Fall die Menge anderweitig am Großhandelsmarkt eindecken, um seine Verpflichtung zu erfüllen. Die Konditionen dieses Geschäfts können von den Konditionen zum Zeitpunkt der ursprünglichen Angebotskalkulation abweichen und einen Verlust verursachen.

Kundenausfallrisiko:
Dieses Ausfallrisiko bezieht sich im Gegensatz zum Counterpart-Risiko auf die Lieferbeziehung des Stromlieferanten mit dem Stromverbraucher. Es kann wie in jedem längerfristigen Vertragsverhältnis zu einer Verschlechterung der Bonität eines Vertragspartners kommen, bis hin zur Zahlungsunfähigkeit. Auch dieses Risiko muss der Stromlieferant bei seiner Angebotskalkulation berücksichtigen. Das Ausfallrisiko schwankt je nach Branchenzugehörigkeit und Größe des Endkunden.

Mittelständische Kundenunternehmen erhalten in den meisten Fällen der Stichtagsbeschaffung lediglich einen Arbeitspreis je Kilowattstunde. Aus diesem Preis ist nicht ersichtlich, wie sich der Preis aus Großhandelspreis und dem Anteil des Stromversorgers zusammensetzt. Für den Stromeinkäufer entsteht somit eine gewisse Intransparenz seines Energiepreises. Aus diesem Grund sollte das Kundenunternehmen vor allem beim Abschluss eines Stichtagpreises eine ausführliche Ausschreibung durchführen. Dies ermöglicht eine breite Vergleichbarkeit.

Vorteil der Planungssicherheit

Die Stichtagsbeschaffung bietet einige Vorteile, welche sie für viele kleinere und mittlere Unternehmen interessant macht. Ein Vorteil ist die kalkulatorische Budget- und Planungssicherheit. Der einmal festgeschriebene Netto-Energiepreis bleibt über die gesamte Vertragslaufzeit fixiert. Je nach Branche und je nach Unternehmensphilosophie ist die Planungssicherheit unabdinglich für das eigene Geschäftsmodell. Doch gilt es zu beachten, dass sich die Planungssicherheit lediglich auf den reinen Netto-Strompreis bezieht. Die Kostenbestandteile Netznutzung, Steuern, Umlagen und Abgaben können sich jedes Jahr ändern und Abweichungen zu budgetierten Kosten verursachen.

Praxisbeispiel: Budgetplanung und steigende Umlagen

Der sozial-karitative Verband A betreibt als gemeinnütziger Verein verschiedene Einrichtungen im Pflege- und Sozialbereich. Insgesamt handelt es sich um 16 Abnahmestellen mit einem Gesamtstromverbrauch von rund 2 GWh. A benötigt für die einzelnen Einrichtungen ein Maximum an Budgetsicherheit. Aus diesem Grund entscheidet sich A für eine Stichtagsbeschaffung. Im Jahr 2013 schließt A einen Stromliefervertrag mit einem Stichtagspreis von 5,55 Cent/kWh ab. Die Vertragslaufzeit beträgt zwei Jahre. Gemäß dem Liefervertrag stellt der Stromlieferant Netzentgelte sowie Abgaben und Umlagen in ihrer aktuellen Höhe in Rechnung. Im Jahr 2014 wird die EEG-Umlage von 5,277 Cent/kWh auf 6,24 Cent/kWh erhöht. Allein diese Erhöhung erzeugt Netto-Mehrkosten für A von rund 19.200 €, welche A in seiner Budgetplanung im Sommer 2013 nicht vorgesehen hatte.

Dienstleistungsorientierte Stromversorger bieten ihren Kundenunternehmen die Erstellung von Energiewirtschaftsplänen an. Diese fassen die prognostizierten Kosten für das Folgejahr zusammen und helfen im Budgetierungsprozess. Die Versorger haben die Entwicklung aller Preiskomponenten, also auch der Netzentgelte, Steuern, Abgaben und Umlagen, im Blick. Sie können Kostenveränderungen verlässlicher absehen als die Verantwortlichen in kleineren und mittleren Unternehmen. Diese können sich nur auf grobe Schätzungen verlassen und liegen mit ihrer Budgetplanung daher oftmals deutlich neben den IST-Daten.

> **Praxisbeispiel: Einbeziehung von Abgaben und Umlagen in den Planungsprozess**
>
> Verband A stimmt sich mit seinem Stromversorger B ab, um die eigene Budgetplanung auf ein sicheres Fundament zu stellen. Im Herbst eines jeden Jahres informiert B über die Entwicklung der Abgaben und Umlagen und gibt eine Einschätzung zu der Entwicklung der Netzentgelte. Auf Basis dieser Einschätzung erstellt A seine Budgetplanung für das Folgejahr.

Nichtsdestotrotz ist die Preisbindung des Netto-Strompreises über die Vertragslaufzeit ein Vorteil der Stichtagsbeschaffung.

Je nach Angebot des Stromversorgers kann das Kundenunternehmen den Preis mehrere Jahre in die Zukunft fixieren. Die meisten Versorger bieten Verträge bis zu drei Jahre in die Zukunft an. Vereinzelt werden auch Festpreise bis zu vier oder gar fünf Jahre in die Zukunft angeboten. Eine Strompreisgarantie von fünf Jahren klingt verlockend, doch sind fünf Jahre ein langer Zeitraum in der modernen Wirtschaftswelt. Die meisten Unternehmen können ihren Strombedarf über fünf Jahre nur schwer verlässlich prognostizieren. Volkswirtschaftliche Verschiebungen und betriebliche Anpassungen in der Werks- oder Niederlassungsstruktur gehen oft mit einer Änderung der Stromverbrauchsstruktur einher. Oftmals ist dies bei Vertragsabschluss noch nicht abzusehen. Auch können über fünf Jahre die Großhandelspreise stark schwanken. Es ist schwer zu sagen, ob der jetzt abgeschlossene Preis in fünf Jahren tatsächlich noch so günstig sein wird, wie man zum Zeitpunkt des Abschlusses annimmt. Von einer Festpreisbindung über fünf Jahre ist daher tendenziell abzuraten. Ganz anders kann dies bei einer flexiblen Tranchenbeschaffung bewertet werden, die später vorgestellt wird.

Geringer administrativer und personeller Aufwand

Neben der preislichen Planungssicherheit gibt es noch einen weiteren Vorteil, der den klassischen Stichtagspreis für mittelständische Unternehmen interessant macht. Sie können diese Art der Beschaffung mit einem sehr geringen personellen und administrativen Aufwand durchführen. In der Regel gibt es lediglich ein Vertragswerk und der Preis ist fixiert. Die Verantwortlichen in den Unternehmen können sich nach Vertragsabschluss wieder ihren originären Arbeitsschwerpunkten widmen. Mit der Strombeschaffung müssen sie sich nicht befassen, bis sich die Zeit des Vertragsendes nähert und neue Konditionen auszuhandeln sind.

Aus Sicht einer ganzheitlichen Unternehmensbetrachtung lässt sich die Beschäftigung mit dem Thema während der Vertragslaufzeit auf einfache administrative Themen wie Rechnungsabwicklung etc. reduzieren. Das entlastet die internen Ressourcen bei Kundenunternehmen. Viele, vor allem kleinere mittelständische Unternehmen, verfahren nach dem Grundsatz „sign it and forget it". Sie unterzeichnen den Liefervertrag und haken das Thema Strombeschaffung für die nächsten Jahre ab. Tatsächlich kann dies für Unternehmen mit geringem Stromkostenanteil an den Gesamtkosten und geringem Stromverbrauch durchaus eine sinnvolle Strategie sein.

Keine Risikodiversifizierung

Den Vorteilen der Planungssicherheit und der geringen Kapazitätenbindung stehen jedoch die Nachteile der Stichtagsbeschaffung gegenüber. Ein wesentlicher Nachteil der Stichtagsbeschaffung ist der Einkauf der gesamten Strommenge zu einem Zeitpunkt. Dies widerspricht dem Grundsatz der Risikodiversifikation. Vielen Unternehmen erscheint die Stichtagsbeschaffung als die sicherste Beschaffungsmethode mit dem geringsten Risiko. Tatsächlich ist sie jedoch die spekulativste aller in diesem Buch dargestellten Beschaffungsmodelle. Den meisten Unternehmen ist dies jedoch nicht klar. Sie spekulieren mit dem Abschluss eines Stichtagpreises in einem Maße, wie sie es in anderen Unternehmensbereichen niemals tun würden. Der Grund dafür liegt in dem wesentlichen Produktmerkmal, die gesamte Verbrauchsmenge zu einem Zeitpunkt zu beschaffen. Dadurch wird die Höhe des Strompreises im Wesentlichen durch das Preisniveau der Großhandelsmärkte zum Zeitpunkt der Angebotsanfrage beziehungsweise des Abschlusses bestimmt. Dieses Preisniveau des Großhandelsmarktes unterliegt im Zeitverlauf, wie in Kap. 1 dargestellt, erheblichen Schwankungen. Da das Kundenunternehmen die gesamte Verbrauchsmenge bereits fixiert hat, kann es auf Veränderungen der Großhandelspreise nicht mehr reagieren. Bei steigenden Preisen nach Vertragsabschluss hat das beschaffende Unternehmen einen Opportunitätsgewinn erzielt. Bei fallenden Preisen dagegen fällt ein Opportunitätsverlust an. Das Unternehmen setzt quasi alles auf eine Karte, auf einen Zeitpunkt, mit allen Chancen und Risiken.

Praxisbeispiel: Stichtagsbeschaffung zu unterschiedlichen Zeitpunkten

Unternehmen A und Unternehmen B sind Bäckereien mit einem ähnlichem Stromverbrauch und einer ähnlichen Verbrauchsstruktur. Sie stehen in direktem Wettbewerb mit einer Vielzahl ihrer Verkaufsfilialen. Unternehmen A schließt im Sommer 2008 einen Stichtagspreis für drei Jahre ab. B schließt im Novem-

ber 2008 ebenfalls einen Stichtagspreis über drei Jahre ab. Das Großhandelspreisniveau ist zwischen Sommer und Herbst 2008 um etwa 30 % gefallen. B
hat somit über drei Jahre hinweg jährlich einen um 30 % geringeren Netto-
Strompreis als A.

Gerade durch die Entwicklung der Energiewende, mit dem Zubau der volatilen erneuerbaren Energien und einer Überkapazität an konventionellen Kraftwerken, hat
die Volatilität der Großhandelspreise erheblich zugenommen. Dieser Trend wird
sich nach Einschätzung von Marktbeobachtern fortsetzen. Bei der Entscheidung
für einen Festpreis spekuliert das Kundenunternehmen auf steigende Strompreise.
Die Bewertung, ob die Preise kurzfristig, mittelfristig oder langfristig steigen, ist
jedoch selbst für professionelle Großhandelsanalysten nur sehr schwer und oft gar
nicht zu treffen. Daher trifft das Argument „die Stichtagsbeschaffung verlangt nur
ein geringes Maß an Ressourcenaufwand" nur bedingt zu. Denn um eine einigermaßen fundierte Beschaffungsentscheidung zu treffen, müsste der Beschaffungsverantwortliche die Großhandelspreise beobachten, um den richtigen Zeitpunkt
der Ausschreibung beziehungsweise des Abschlusses zu identifizieren. Um eine eigene Bewertung vornehmen zu können, ist jedoch eine tiefgehende Beschäftigung
mit den Mechanismen der Großhandelsmärkte notwendig. Dies zu einem Maß, wie
es den Mitarbeitern, welche auch mit anderen Aufgaben befasst sind, nur schwer
möglich sein dürfte. Denn die Schwankungen der Großhandelspreise unterliegen
keinem festgeschriebenem Muster, welches eine Analyse erleichtern könnte.

Exkurs: Die Unterscheidung zwischen Jahreseinzelpreis und Mischpreis
Bei einer Stichtagsbeschaffung über mehrere Jahre steht der Stromeinkäufer vor der Entscheidung, einen Jahreseinzelpreis oder einen Mischpreis über die komplette Laufzeit anzu-
fragen. Die Entscheidung für einen Mischpreis, welcher für die komplette Laufzeit gilt, ist
das gängige Modell. Jedoch kann es vereinzelt auch von Vorteil sein, sich für einen Jahreseinzelpreis zu entscheiden. Um die Vor- und Nachteile der Optionen bewerten zu können,
ist ein Blick auf die Mechanismen der Großhandelsmärkte hilfreich. Grundlage für die Kalkulation des Strompreises ist das Preisniveau am Großhandelsmarkt. An diesem werden je
nach Lieferzeitraum unterschiedliche Produkte gehandelt. So gibt es beispielsweise Jahresprodukte (Baseload/Peakload). Die Preise für die Jahresprodukte können je nach Lieferjahr
schwanken. Der Preis Baseload für das Lieferjahr 2016 kann teurer sein als der Preis für
eine Baseload-Lieferung 2017. Eine Marktkonstellation, in der die weiter in der Zukunft
liegenden Lieferkontrakte teurer sind als die näher an der Gegenwart liegenden, bezeichnen
Energiehändler als „Contango" (Abb. 4.2). Das Gegenstück von Contango ist die sogenannte
„Backwardation" (Abb. 4.3). Bei dieser Konstellation sind die näher an der Gegenwart liegenden Lieferkontrakte teurer als die weiter in der Zukunft liegenden.
   Die Stromverkäufer an den Großhandelsmärkten gehen in diesem Fall davon aus, dass
sie in Zukunft einen geringeren Preis für ihre Stromverkäufe erzielen. Je nachdem, wie teuer
oder günstig ein einzelnes Jahresprodukt im Vergleich zu den anderen Jahresprodukten gehandelt wird, kann es sinnvoll sein, Jahreseinzelpreise abzuschließen. So kann der Preis für

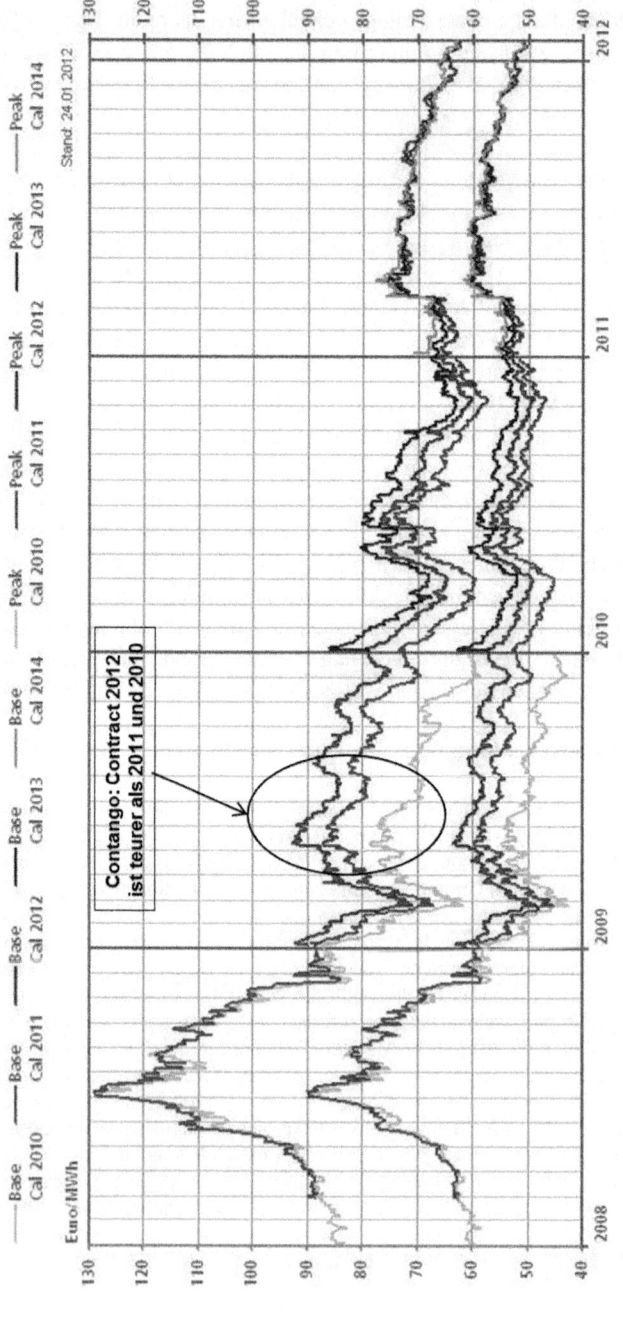

Abb. 4.2 Marktkonstellation „Contango"

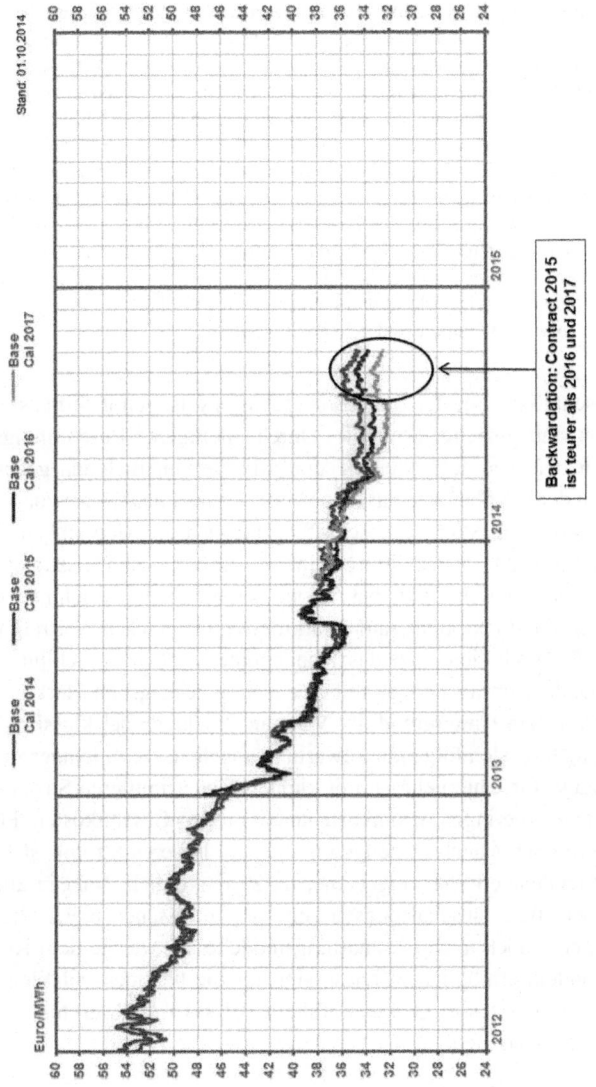

Abb. 4.3 Marktkonstellation „Backwardation"

die Jahreslieferung eines Jahres beispielsweise deutlich günstiger sein als die Preise des Folgejahres. Dies wird zur Folge haben, dass beim Abschluss von zwei Jahreseinzelpreisen der Preis für das eine Jahr günstiger ist als der Preis für das andere. Verfolgt das Kundenunternehmen zum Beispiel die Bilanzstrategie, in einem Jahr die Kosten so niedrig wie möglich zu halten, kann der Abschluss eines entsprechenden Jahreseinzelpreises Sinn machen. Jedoch muss das Unternehmen im Folgejahr einen Preisanstieg berücksichtigen. Im Fall eines Mischpreises kalkuliert der Stromversorger einen mengengewichteten Durchschnittspreis aus den Beschaffungen für die jeweiligen Lieferjahre. Dies erhöht den Preis für das Jahr mit den günstigeren Großhandelspreisen. Gleichzeitig verbilligt es jedoch auch den Preis für das Jahr mit den teureren Großhandelspreisen. Der Abschluss von Jahreseinzelpreisen für mehrere Jahre macht daher nur dann Sinn, wenn das Unternehmen gezielt eine entsprechende Bilanzstrategie verfolgt und gleichzeitig die Großhandelspreise der einzelnen Jahre mit einem spürbaren Unterschied gehandelt werden.

Die Strombeschaffung mit der Stichtagsbeschaffung ist somit oftmals ein zufälliges Ergebnis statt gezielter Strategie. Durch intelligente Beschaffungsmodelle können sich inzwischen auch kleinere und mittlere Unternehmen gegen Marktschwankungen der Großhandelsmärkte absichern beziehungsweise von ihnen profitieren. Die klassische Stichtagsbeschaffung bietet diese Möglichkeit nicht. Sie ermöglicht kein Einsparpotenzial durch eine abgestimmte Handelsstrategie.

Bei der Stichtagsbeschaffung hat weder das Kundenunternehmen noch der Stromversorger die Flexibilität, auf Marktbewegungen nach Vertragsabschluss zu reagieren. Dadurch sieht sich das Kundenunternehmen im schlimmsten Fall nach dem Ende der Vertragslaufzeit mit einem stark gestiegenen Marktpreisniveau konfrontiert. Vor dem Hintergrund der Vor- und Nachteile der klassischen Stichtagsbeschaffung lässt sich folgende Bewertung abgeben: Der Stichtagspreis ist das passende Produkt für Unternehmen mit kleineren oder mittleren Stromabnahmemengen und einem geringen Stromkostenanteil an den Gesamtkosten. Für Unternehmen mit größeren Abnahmemengen und einem höheren Stromkostenanteil ist der Festpreis tendenziell eher ungeeignet da zu risikoreich. Nahezu alle Stromversorger bieten diese Beschaffungsvariante an. Inzwischen bieten die meisten Stromlieferanten jedoch auch Beschaffungsmodelle an, welche dem Kunden ein flexibleres Handeln ermöglichen. Diese sind für die heutigen volatilen Energiemärkte in aller Regel besser geeignet. Tabelle 4.1 fasst die Merkmale der Stichtagsbeschaffung zusammen.

Exkurs: Die „Re-Price"-Beschaffung als Möglichkeit, Einsparungen vorzuziehen

Das „Re-Price"-Modell stellt kein eigenständiges Beschaffungsmodell dar. Es ist vielmehr ein Instrument, um Einsparpotenziale im Strombezug zeitlich vorzuziehen. In den meisten Fällen wird es in Zusammenhang mit einem Festpreis angewendet. Nicht alle Stromanbieter bieten diese Option an. Auch gibt es eine Reihe von unterschiedlichen Bezeichnungen für dieses Modell. Im Kern zielt dieses Modell darauf ab, einen vertraglich bereits fixierten Fest-

Tab. 4.1 Merkmale der Stichtagsbeschaffung

Beschaffung der prognostizierten Gesamtstrommenge an einem Stichtag

Preissicherheit über den Netto-Strompreis für die gesamte Vertragslaufzeit

Geringer administrativer Aufwand

Keine Risikodiversifizierung

Abhängigkeit von einer korrekten Preisprognose

Keine Möglichkeit, Marktbewegungen durch aktive Handelsstrategie zu nutzen

Keine Transparenz über die Vergütung des Energieversorgers

Geringes Know-how erforderlich

Vorteil bei steigenden Großhandelspreisen

Frühzeitige Sicherheit über den Netto-Strompreis

preis beziehungsweise eine Preiskomponente im Gegenzug für eine Vertragsverlängerung zu senken. Das Modell kann daher nur mit dem Strombestandslieferanten realisiert werden. Doch kann ein Unternehmen diese Option der „Re-Price"-Beschaffung bereits bei der Ausschreibung für seine Strombeschaffung nachfragen. Sinn macht das Modell selbstverständlich nur bei seit Vertragsabschluss stark gefallenen Großhandelspreisen. Typischerweise vereinbaren Kundenunternehmen ihren Vertrag, um ein Jahr zu verlängern und dafür vom Zeitpunkt der Vereinbarung an einen günstigeren Strompreis zu erhalten. Dies hat den Vorteil, dass das Kundenunternehmen sofort von fallenden Großhandelspreisen profitiert. Für Unternehmen, die einen hohen Stromkostenanteil haben, einem hohen Wettbewerbsdruck ausgesetzt sind und zu einem ungünstigen Großhandelspreisniveau abgeschlossen haben, ist dies eine Alternative, um sich aus der ungünstigen Preis- und damit Kostensituation im Strombezug zu befreien. Jedoch sind beim „Re-Price"-Modell Mechanismen zu beachten, die es in vielen Fällen nicht praktikabel machen. Im Falle einer Verlängerung erhalten die Kundenunternehmen in aller Regel nicht die gesamte Verringerung der gefallenen Großhandelspreise im Vergleich zum Zeitpunkt des ursprünglichen Angebotsabschlusses. Vielmehr nimmt der Stromversorger eine Mischkalkulation vor. Für die Vertragsverlängerung beschafft er die neue Strommenge an den Märkten zu den reduzierten Preisen. Dann bildet er aus der neu beschafften Menge und den bereits beschafften Mengen einen mengengewichteten Durchschnittspreis. Dieser Preis bildet den neuen Abrechnungspreis und damit den neuen Preis für die komplette verlängerte Vertragslaufzeit.

Das Unternehmen erhält zwar sofort einen günstigeren Preis als zuvor, jedoch erhält es ab dem Beginn der neu kontrahierten Laufzeit einen teureren Preis, als es eigentlich aufgrund der gefallenen Großhandelspreise bei einem kompletten Neuabschluss zahlen müsste. Es verzichtet mit dem „Re-Price"-Modell deshalb darauf, mit einer neuen Ausschreibung marktkonforme Preise zu erhalten. Das Kundenunternehmen „läuft" dem Marktpreisniveau somit immer etwas „hinterher". Aus diesem Grund sollte das „Re-Price"-Modell nur in vereinzelten Fällen infrage kommen. Beispielsweise, wenn aus bilanziellen Gründen die Kosten in einem bestimmten Jahr soweit wie möglich reduziert werden sollen. Oder in der bereits beschriebenen Situation, dass das Kundenunternehmen zu einem ungünstigen Festpreis abgeschlossen hat und nun Probleme gegenüber dem Wettbewerb entstehen. Wenn diese Fälle vorliegen, kann es sich lohnen, den Bestandslieferanten auf die Möglichkeit einer entsprechenden Vereinbarung anzusprechen. Grundsätzlich ist die Berücksichtigung einer entsprechenden Option in der Ausschreibung von Vorteil.

Indexbeschaffung

Der Gegensatz zur Festpreisbeschaffung sind die Produkte beziehungsweise Modelle der strukturierten Beschaffung. Das Grundmerkmal der strukturierten Beschaffung ist es, die prognostizierte Gesamtmenge nicht zu einem Stichtag, sondern in Teilmengen zu beschaffen (Abb. 4.4).

Wie diese Teilmengen strukturiert sind (Menge, Zeitpunkt), kann sich von Produkt zu Produkt unterscheiden.

Die Indexbeschaffung stellt dabei den ersten Schritt von der stichtagsbezogenen Beschaffung hin zu einer strukturierten Beschaffung dar. Ziel der Indexbeschaffung ist es, einen Energiepreis zu erzielen, welcher möglichst nahe einem durchschnittlichen Indexpreis kommt. In der Regel möchte das Kundenunternehmen den durchschnittlichen EEX-Settlement-Preis eines bestimmten Zeitraumes erzielen. Der Settlement-Preis ist der Börsenschlusskurs. Das Produkt soll somit für das Kundenunternehmen den Marktdurchschnitt EEX-Settlement abbilden. Diese Nachbildung des Durchschnittspreises basiert auf folgendem Kalkulationsmechanismus: Der Stromversorger fasst den gesamten Strombedarf des Kunden für alle Standorte zusammen. Er bildet einen sogenannten Summenlastgang. Anhand dieses Summenlastgangs ermittelt er ein festes Base-Peak-Mengenverhältnis. Soll nun beispielsweise der Jahresdurchschnitt der EEX-Settlement-Preise darge-

Funktionalität strukturierter Beschaffung

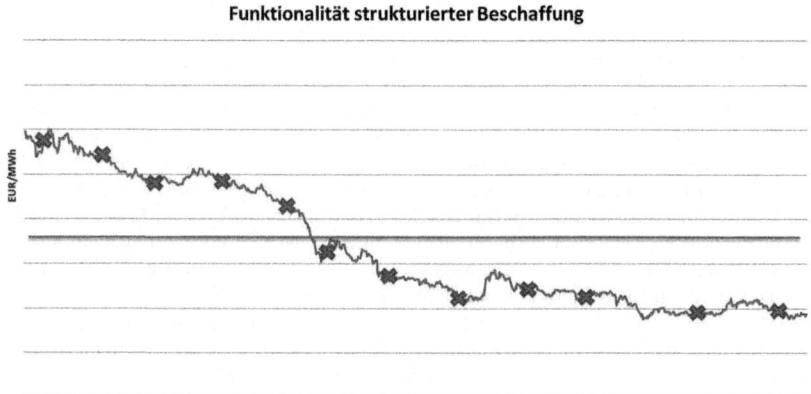

Abb. 4.4 Funktion der strukturierten Beschaffung

stellt werden, wird das Kundengesamtvolumen Base und das Kundengesamtvolumen Peak durch die Handelstage geteilt. Der Stromversorger kauft die Teilmengen dann täglich, wöchentlich oder monatlich zu den jeweiligen Börsenschlusskursen (Baseload/Peakload). Der Gesamtpreis setzt sich aus dem mengengewichteten Durchschnittspreis zusammen und ist die Grundlage für den abgerechneten Stromlieferpreis. Die beschriebene Kalkulationsweise kann je nach genauer Produktspezifikation variieren. So kann zum Beispiel der Kunde beziehungsweise der Stromlieferant die Anzahl der Handelstage frei wählen. Diese Berechnungssystematik ergibt den abgerechneten Energiepreis je Kilowattstunde. Zu diesem abgerechneten Energiepreis kommt noch ein Serviceentgelt je Kilowattstunde des Stromlieferanten hinzu. Es beinhaltet unter anderem die Gewinnmarge beziehungsweise den Deckungsbeitrag des Stromversorgers. Es wäre jedoch falsch, dieses Serviceentgelt mit der Gewinnspanne beziehungsweise dem Deckungsbeitrag des Anbieters gleichzusetzen. Dieses Entgelt beinhaltet auch Kostenbestandteile wie den Zugang zum Großhandelsmarkt und die Kosten für Abrechnung und Logistik. Teilweise bieten Stromversorger bei Indexmodellen beziehungsweise anderen Modellen der strukturierten Beschaffung auch verbrauchsunabhängige Grundpreise bei Vertragsabschluss an. Der jeweilige preisliche Aufschlag gilt wie der Festpreis für die gesamte Vertragslaufzeit. Der Energiepreis ergibt sich dagegen erst im gewählten Beschaffungszeitraum.

Unterschied Beschaffungszeitraum und Belieferungszeitraum

Bei der Produktgruppe der strukturierten Beschaffungsprodukte ist der Beschaffungszeitraum das Äquivalent zum Beschaffungszeitpunkt bei der Festpreisbeschaffung. Es ist der vereinbarte Zeitraum, in welchem der Stromlieferant die benötigte Strommenge an den Großhandelsmärkten beschafft.

Davon zu unterscheiden ist der Lieferzeitraum, in welchem die Stromlieferung an den Kunden erfolgt. Bei einer reinen Terminmarktbeschaffung geht der Beschaffungszeitraum dem Lieferzeitraum immer voraus. Bei Spotmarktmodellen können Beschaffungszeitraum und Lieferzeitraum zusammenfallen (siehe Spotmarktbeschaffung).

Die Indexbeschaffung hat wegen der fehlenden manuellen Eingriffsmöglichkeit und der fehlenden Flexibilität, auf schnelle Marktveränderungen zu reagieren, Parallelen zur Festpreisbeschaffung. Sie gleicht jedoch deren Nachteil aus. Mit einem Indexprodukt ist es mit geringem Aufwand möglich, das Marktpreisrisiko der Festpreisbeschaffung erheblich zu reduzieren. Das Risiko, zu einem ungünstigen Zeitpunkt die komplette Liefermenge zu fixieren und im schlimmsten Fall über mehrere Jahre an diesen gebunden zu sein, ist dadurch reduziert. Der Kunde hat mit der Indexbeschaffung ein Instrument, den durchschnittlichen Marktpreis eines gewissen Zeitraums zu erhalten. Dies entspricht eher dem Denken der Risikodiversifikation.

Ein häufiger Kritikpunkt an der Indexbeschaffung, wie auch an anderen Formen der strukturierten Beschaffung, ist, dass sie bei steigenden Großhandelspreisen zu sukzessive steigenden Preisen führt. Mit jeder Teilmengenbeschaffung realisiert das Kundenunternehmen das höhere Preisniveau. Umgekehrt profitiert ein Kundenunternehmen mit der Indexbeschaffung von einem fallenden Großhandelspreisniveau. Das Spekulieren auf steigende oder fallende Märkte kann jedoch nicht Aufgabe eines Beschaffungsverantwortlichen in einem kleineren oder mittleren Unternehmen sein. Die Markteinflussfaktoren sind zu komplex und zu zahlreich, um von einem Einkaufsallrounder mit weitem Aufgabenfeld einigermaßen überblickt und verstanden zu werden. Eine Indexbeschaffung bietet ihm einen einfachen, überschaubaren Weg, den Marktdurchschnitt zu erreichen. Die historische Analyse zeigt, dass das Erreichen des durchschnittlichen Vergleichsmaßstabes (z. B. EEX-Settlement) über mehrere Jahre bereits ein überdurchschnittlich gutes Ergebnis ist.

Zusätzlich gibt es inzwischen Produktmechanismen, welche kombiniert mit strukturierten Beschaffungsstrategien das Marktpreisrisiko noch weiter senken können. Gleichzeitig erhöhen sie die Chance, den Marktdurchschnitt zu unterbieten. Diese stellt der Abschnitt zur Tranchenbeschaffung im Detail vor. Sie sind theoretisch auch mit einer Indexbeschaffung kombinierbar.

Risikodiversifikation bei geringem administrativem Aufwand

Zusammengefasst liegen die Vorteile der Indexbeschaffung in zwei Aspekten: Zum einen verringert diese Beschaffungsstrategic das Spekulationsrisiko der Stichtagsbeschaffung erheblich. Sie bietet eine höhere Risikodiversifikation. Zum anderen hat das Produkt einen ähnlich geringen administrativen Aufwand wie die Stichtagsbeschaffung. Sie ist daher auch für kleinere und mittelständische Unternehmen ideal. Weder muss das Kundenunternehmen eigene Entscheidungen über den richtigen Beschaffungszeitpunkt treffen, noch muss es die Entwicklungen der Großhandelsmärkte im Blick behalten. Es erhält den durchschnittlichen Marktpreis. Diese Kombination macht die Indexbeschaffung der Stichtagsbeschaffung überlegen. Die Wahrscheinlichkeit, über einen Zeitraum von mehreren Jahren über einen Festpreis besser zu sein als der Marktdurchschnitt, ist statistisch gesehen relativ gering. Über die Indexbeschaffung erzielt das Unternehmen den Durchschnitt und hat damit über einen längeren Zeitraum ein durchschnittlich besseres Ergebnis als bei der Stichtagsspekulation. Doch weist auch die Indexbeschaffung in ihrer Reinform zwei Nachteile auf.

Nachteile der Indexbeschaffung

So bietet die Indexbeschaffung keine Möglichkeit, durch eine aktive Handelsstrategie von Marktbewegungen zu profitieren. Das starre Abbilden des Durchschnitts reduziert zwar Risiken, gleichzeitig aber auch Chancen. In diesem Punkt ähnelt die Indexbeschaffung dem Stichtagsmodell. Auch sollten Kundenunternehmen berücksichtigen, dass die Indexbeschaffung, wie andere Modelle der strukturierten Beschaffung, eine gewisse Vorlaufzeit benötigt. Dem Lieferzeitraum muss ein Beschaffungszeitraum vorausgehen, in welchem die Teilmengen beschafft werden. Dieser Zeitraum kann zwar kurz gewählt werden, jedoch ist eine gewisse Mindestdauer zu empfehlen. Der Risikostreuungseffekt wirkt stärker, je länger der Beschaffungszeitraum gewählt ist. Die Zeit zwischen Beschaffungsbeginn und Lieferbeginn kann in Einzelfällen ein bis zwei Jahre betragen. Deshalb muss das Kundenunternehmen beachten, dass es in dieser Zeit unter Umständen mit zwei Stromlieferanten agieren muss. Dem Bestandslieferanten, der noch Strom liefert, und dem Neulieferanten, welcher bereits Strommengen am Großhandelsmarkt beschafft.

Ein zweiter Nachteil der reinen Indexbeschaffung ist der Aspekt der Budgetsicherheit. Bei einem Festpreis hat das Kundenunternehmen vom Zeitpunkt des Vertragsabschlusses für die gesamte Vertragslaufzeit Planungssicherheit über den abgeschlossenen Netto-Strompreis. Zwar können sich Netzentgelte sowie Steuern, Abgaben und Umlagen verändern, jedoch bleibt der reine vom Stromversorger kalkulierte Netto-Strompreis stabil.

Je nach Wahl des Beschaffungszeitraumes hat das Kundenunternehmen diese Planungssicherheit bei der Indexbeschaffung erst sehr kurz vor Lieferbeginn. So kann im Extremfall der letztendliche Strompreis erst wenige Tage vor Lieferbeginn feststehen. Denn erst dann steht der Durchschnittspreis fest. Dieses Problem kann auch für die anderen Modelle der strukturierten Beschaffung zutreffen. Doch lässt sich dieser Nachteil durch eine intelligente Wahl des Beschaffungszeitraums und einer komfortablen Vorlaufzeit auffangen beziehungsweise minimieren. Das Kapitel zur Tranchenbeschaffung stellt die Mechanismen im Detail vor. Unternehmen aus Branchen, die ein Maximum an Planungssicherheit benötigen, müssen diesen

Tab. 4.2 Merkmale der Indexbeschaffung

Abbildung des durchschnittlichen Marktpreises eines Lieferzeitraumes (z. B. EEX-Settlement)
Risikodiversifizierung
Geringer administrativer, personeller Aufwand
Keine Möglichkeit, gezielt von Marktbewegungen zu profitieren
Geringes Know-how erforderlich
Transparenz über Vergütung des Stromversorgers
Vorteil bei fallenden Großhandelspreisen
Keine Entscheidungsflexibilität
Sicherheit über den Netto-Strompreis gegebenenfalls erst kurz vor Lieferbeginn

Aspekt beachten und mit entsprechenden Produktausgestaltungen berücksichtigten.

Für Unternehmen mit mittlerem Strombedarf und mittlerem Stromkostenanteil ist die Indexbeschaffung eine moderne Alternative zum klassischen Stichtagsmodell. Das Modell gilt als das Einstiegsmodell in die strukturierte Beschaffung. Es ist grundsätzlich für alle Unternehmen tauglich, für die ein Stichtagspreis infrage kommt. Während der Stichtagspreis bei einem steigenden Großhandelsmarkt von Vorteil ist, hat die Indexbeschaffung Vorteile in einem volatilen Marktumfeld und bei fallenden Preisen. Durch die Entwicklungen der Energiewende und die zunehmende Substitution der stetig produzierenden konventionellen Kraftwerke (Kernkraft, Kohlekraft- und Gaskraftwerken) durch die fluktuierend einspeisenden erneuerbaren Energien gehen die meisten Marktbeobachter eher von einem Ansteigen der Volatilität an den Großhandelsmärkten aus. Tabelle 4.2 zeigt die Merkmale der Indexbeschaffung im Überblick.

Tranchenbeschaffung

Ist die Indexbeschaffung der erste Schritt, so ist die Tranchenbeschaffung der nächste Schritt auf dem Weg zu einer individualisierten strukturierten Beschaffung. Mit der Tranchenbeschaffung hat das Kundenunternehmen die beste Chance, gezielt auf die Gestaltung des Strompreises einzuwirken. Dies kann sowohl automatisiert nach einer vorher festgelegten Beschaffungsstrategie oder manuell durch vom Kundenunternehmen selbstständig getroffene Beschaffungsentscheidungen erfolgen. Dadurch unterscheidet sich eine individuelle Tranchenbeschaffung von den beiden bereits beschriebenen Beschaffungsmodellen Stichtags- und Indexbeschaffung. Bei einem Stichtagspreis trifft der Kunde lediglich die Entscheidung, wann er die Gesamtmenge beschaffen möchte. Nach der Beschaffung zeigt die Marktentwicklung, ob der Zeitpunkt richtig oder falsch war. Bei der Indexbeschaffung wird die Gesamtmenge zwar zu unterschiedlichen Zeitpunkten eingekauft, doch hat der Kunde in der Reinform ebenfalls nicht die Möglichkeit, durch eine intelligente Handelsstrategie den Preis zu optimieren. Das Ziel der Indexbeschaffung ist es, den EEX-Marktdurchschnitt nachzubilden.

In beiden Fällen verzichtet das Kundenunternehmen auf die Chance, Preis- und somit Kostenvorteile durch Handelsstrategien zu erzielen.

Ziel der Tranchenbeschaffung ist es nicht, den durchschnittlichen Marktpreis abzubilden. Vielmehr soll dieser durchschnittliche Marktpreis mithilfe von diversen Strategien und Instrumenten unterboten werden.

Der Begriff „Tranchenbeschaffung" dient heute lediglich als Sammelbegriff. Bis heute entwickelten Energieversorger unter der Bezeichnung Tranchenbeschaffung eine Vielzahl von Produkten mit eigenen Marktinstrumenten und Beschaffungsstrategien. Dieses Kapitel geht auf die wichtigsten Strategien und Instrumente ein und stellt die Chancen und Risiken exemplarisch dar.

Wie bei der Indexbeschaffung wird die prognostizierte Gesamtstrommenge des Kunden in Teilmengen (Tranchen) aufgeteilt. Diese Tranchen werden zu unterschiedlichen, möglichst preiswerten Zeitpunkten an den Großhandelsmärkten beschafft. Der finale Netto-Strompreis ergibt sich aus dem mengengewichteten Durchschnittspreis der beschafften Teilmengen.

Ziel- und Limitpreise

Ähnlich der Indexbeschaffung werfen Kritiker der Tranchenbeschaffung vor, dass sie in einem steigenden Preisumfeld den Strompreis stetig verteuert. Der Kunde kauft (hedgt) in diesem Fall die Tranchen zu höheren Preisen. Bei fallenden Preisen vergünstigt die Tranchenbeschaffung dagegen den Energiepreis, da die Teilmengen immer günstiger eingekauft werden. Der Einwand lautet daher: Die Verwendung eines Tranchenmodells ist eine Spekulation auf fallende Großhandelspreise. Doch es gibt Instrumente, um diesem Risiko zu begegnen. Eine Möglichkeit stellen sogenannte Ziel- beziehungsweise Limitpreise dar. Bei der Festlegung der Beschaffungsstrategie definieren Kundenunternehmen und Stromversorger vorab eine Preisgrenze. Sobald die Großhandelspreise diese Preisgrenze erreichen, kauft der Stromlieferant die noch offene Restmenge ein (Abb. 4.5).

Bei fallenden oder seitwärtstendierenden Preisen kann die Teilmengenbeschaffung beibehalten werden. Damit kann das Kundenunternehmen die Chancen eines

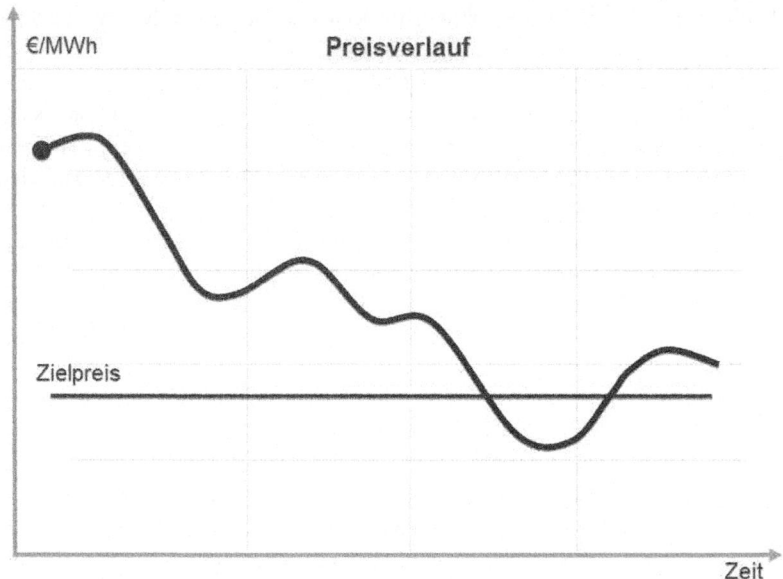

Abb. 4.5 Funktionsweise des Limitpreises

fallenden Marktes nutzen und das Risiko eines steigenden Preisniveaus reduzieren. Das erhöht seine Budget-und Planungssicherheit. Auf diese Weise kann eine entsprechende Tranchenbeschaffung Chance und Risikoabsicherung (Planungssicherheit) intelligent kombinieren.

Praxisbeispiel: Limitpreis und Planungssicherheit

Unternehmen A betreibt Kühlhäuser als Dienstleister für gastronomische Betriebe. Im Sommer 2013 hat es sich für eine Tranchenbeschaffung über die nächsten drei Jahre bei dem Stromversorger B entschieden. A verpachtet seine Kühlhauskapazitäten immer mit einer Vorlaufzeit von einem Jahr an seine Kunden. Es benötigt daher eine gewisse Planungssicherheit über die Entwicklung seiner Stromkosten. Mit B vereinbart A einen Zielpreis von 39 € je Megawattstunde Baseload an den Großhandelsmärkten. Bei Überschreiten dieser Preisschwelle wird der prognostizierte Gesamtstrombedarf für das jeweilige Folgejahr komplett eingedeckt. Auf diese Weise konnte A von den im Verlauf des Jahres weiter fallenden Preisen profitieren. Gleichzeitig hat es die Sicherheit darüber, wie hoch sein Netto-Strompreis maximal liegt.

Für die Wahl einer Preisgrenze muss ein Referenzpreis gewählt werden. Oftmals ist dieser Referenzpreis das Standardprodukt Baseload für das jeweilige Lieferjahr. Für bestimmte Unternehmen, die einen Hauptverbrauch in den Peak-Stunden (acht bis 20 Uhr), zum Beispiel Handelsunternehmen, haben, kann auch die Wahl des Produktes Peakload als Referenzpreis für die Limitschwelle sinnvoll sein.

Die Wahrscheinlichkeit, durch entsprechende Preislimits den durchschnittlichen Marktpreis zu unterbieten, steigt an. Eine Garantie dafür können diese Instrumente nicht geben. So kann der Großhandelspreis nach dem Überschreiten der Limitschwelle wieder sinken. Die Limitschwelle muss daher intelligent gewählt werden, um dem Markt bei hoher Volatilität genug Raum zum „Atmen" zu lassen. Als Kundenunternehmen macht es Sinn, sich bei der Festsetzung der Preisschwelle mit dem Stromlieferanten abzustimmen. Dieser hat die Entwicklungen an den Großhandelsmärkten permanent im Blick und kann gut einschätzen, welcher Limitpreis sinnvoll ist. Mit dem Stromlieferanten kann auch abgestimmt werden, ob bei Erreichen der Preisschwelle die komplette Restmenge oder nur zusätzliche Teilmengen beschafft werden sollen. Auch gilt es, festzulegen, ob die Beschaffung automatisch erfolgt oder erst eine Information über das Erreichen der Preisschwelle an das Kundenunternehmen ergehen soll.

Zeitpunkt und Höhe der Tranchenbeschaffung

Um die Chance zu erhöhen, den durchschnittlichen Marktpreis zu schlagen, gibt es die Möglichkeit, in Tiefpreisphasen größere Teilmengen einzukaufen und in Hochpreisphasen die Beschaffung auszusetzen. Dafür ist eine genaue Beobachtung und Analyse der Großhandelspreise notwendig. Nur dann kann eine Bewertung erfolgen, ob das Marktpreisniveau günstig oder teuer ist. Ein mittelständisches Unternehmen kann diese Bewertung ohne energiewirtschaftliche Expertise nicht verlässlich vornehmen. Dies ist Aufgabe professioneller Marktanalysten. Die Beobachtung und Empfehlung der Mehr-oder Minderbeschaffung erfolgt durch den Stromversorger. Er bündelt diese Fähigkeit.

Entscheidend für den Erfolg der Tranchenbeschaffung sind die Zeitpunkte, zu denen die jeweiligen Teiltranchen beschafft werden. Die Streuung der Einkaufszeitpunkte dient der Risikodiversifizierung. Es reduziert das Marktpreisrisiko, zum ungünstigsten Zeitpunkt die gesamte Strommenge einzukaufen, signifikant. Gleichzeitig bietet es die Chance, von Preisvolatilitäten zu profitieren. Die grundlegende Frage bei der Entscheidung für ein Tranchenbeschaffungsmodell ist die der Systematik, mit der die Teiltranchen an den Großhandelsmärkten platziert werden. Grundsätzlich gibt es zwei Möglichkeiten, um die Teilmengenbeschaffung vorzunehmen:

- automatisierter Beschaffungsrhythmus
- manuelle Beschaffung nach Kundenwunsch

Zum einen können Kundenunternehmen und Stromlieferant einen festen Rhythmus, beziehungsweise eine feste Systematik vereinbaren, nach welcher sie Stromteilmengen am Großhandelsmarkt beschaffen. Sie können beispielsweise die prognostizierte Gesamtmenge eines Jahres in zwölf oder 24 Tranchen aufteilen und jeden Monat eine Teilmenge beschaffen. Dies hängt von der Länge des gesamten Beschaffungszeitraumes ab. Die meisten Stromanbieter bieten eine strukturierte Beschaffung bis zu drei Jahre im Voraus an. Dadurch kann die prognostizierte Gesamtstrommenge eines Lieferjahres beispielsweise in bis zu 36 Teilmengen aufgeteilt werden. Die Beschaffung erfolgt dann monatlich über drei Jahre. Wie auch bei der Indexbeschaffung gilt die Regel, je länger der Beschaffungszeitraum ist, umso größer die Risikodiversifikation.

Moderne Tranchenbeschaffungsmodelle funktionieren in einem rollierenden Beschaffungssystem bis zu drei oder auch vier Jahre im Voraus. Das bedeutet, dass mit dem Vertragsabschluss die Beschaffung für bis zu drei oder vier Jahre in die Zukunft beginnt. Während Jahr für Jahr die Stromlieferung beginnt, wird für die folgenden Jahre die Reststrommenge am Großhandelsmarkt noch beschafft. Dieses rollierende System führt zu einem Maximum an Risikodiversifikation (Abb. 4.6).

Eine monatliche Beschaffung ist ein gängiges Beispiel bei der automatisierten Beschaffung. Ebenso kann auch eine quartalsweise Beschaffung erfolgen. Bei der automatisierten monatlichen Beschaffung unterscheiden sich die Modelle anhand des Mechanismus, wann die Teilmengenbeschaffung im Monat erfolgt. Sehr einfache mechanische Modelle kaufen (hedgen) immer zu einem festen Zeitpunkt, beispielsweise zur Monatsmitte. Moderne Produkte haben eine intelligente

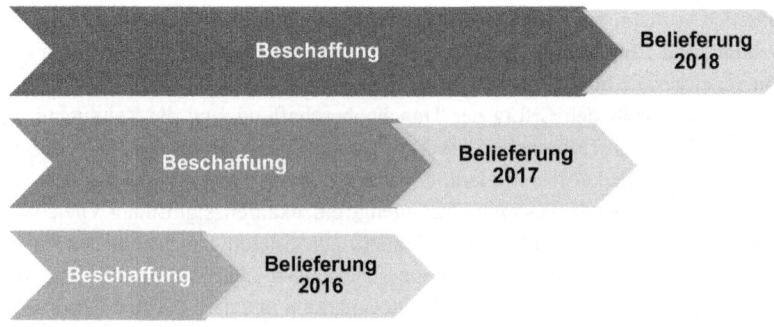

Abb. 4.6 Rollierendes Beschaffungssystem

Systematik und arbeiten mit Preisspannen, welche die Marktvolatilität flexibel berücksichtigen. Sie legen anhand von mathematisch-stochastischen Modellen Preisspannen für jeden Monat fest. Durchbricht der Marktpreis die Preisspanne nach oben, wird die monatliche Menge beschafft. Fällt der Preis durch die untere Grenze der Preisspanne, wird eine neue, niedrigere Preisspanne gesetzt. Überschreitet der Großhandelspreis den kompletten Monat hindurch die Preisspanne nicht nach oben, wird die Monatsbeschaffung in den nächsten Monat übernommen. Entsprechende Modelle sind den rein mechanischen Modellen überlegen.

Keine Spekulation durch feste Beschaffungsrhythmen

Festgelegte Rhythmen bei der Beschaffung haben den Vorteil, dass sie Spekulation vermeiden. Der Stromeinkäufer kann sich auf ein bewährtes System verlassen und nicht nur auf eine subjektive Meinung. Empirische Studien belegen, dass systematische Beschaffungsansätze subjektiven überlegen sind und langfristig bessere Ergebnisse erzielen. Vor allem für mittelständische Unternehmen bieten automatisierte Systeme die Möglichkeit, mit geringem Aufwand die Vorteile der Tranchenbeschaffung zu nutzen. Kombiniert mit Instrumenten wie Limitpreisen oder Mehrbeziehungsweise Mindermengeneindeckungen ist ein automatisiertes System für viele mittelständische Unternehmen ein gutes Beschaffungsmodell.

Wie auch bei anderen Produkten oder Dienstleistungen gilt für diese Strombeschaffungsmodelle im Besonderen: Schließe nichts vertraglich ab, was ich als Kunde, als Einkäufer von Strom, nicht verstehe.

Automatisierte Tranchenbeschaffungsmodelle unterscheiden sich in ihrer Beschaffungssystematik. Diese Systematik legt fest, wann Teiltranchen fixiert werden, wie die Berechnung des Gesamtpreises erfolgt und welche Vergütung anfällt. Sie muss transparent und verständlich sein, um spätere Missverständnisse zu vermeiden. Im Zweifel muss der verantwortliche Mitarbeiter sich das angebotene Modell Schritt für Schritt oder auch mehrmals erklären lassen. Ein dienstleistungsorientierter Stromanbieter weiß um die Komplexität und wird dieser Bitte gerne nachkommen. Das Kundenunternehmen sollte Wert darauf legen, dass es zu jedem Zeitpunkt manuell in die Beschaffungssystematik eingreifen kann. Das bedeutet, dass der Kunde jederzeit aus der automatisierten Beschaffung aussteigen und die offene Restmenge beschaffen kann. Es können sich immer betriebliche Notwendigkeiten ergeben, die es erfordern, den kompletten Strombedarf zu fixieren. Mögliche Gründe hierfür sind zum Beispiel ein neuer Eigentümer, der eine andere Strategie verfolgt, oder Marktentwicklungen, welche auf stark steigende Preise schließen lassen (Exkurs „Fukushima").

Häufig führen mittelständische Unternehmen als Argument gegen diese Art der strukturierten Beschaffung die Frage der Planungssicherheit ins Feld. Bei einem automatisierten System ist es oftmals so, dass sich der letztendliche Energiepreis erst kurz vor Lieferbeginn abschließend bildet. Dieser Einwand lässt sich jedoch entkräften. Der Kunde kann einen Beschaffungszeitraum wählen mit einem Beschaffungsende, welches einige Monate vor dem Lieferbeginn liegt. Diese Zeitplanung, kombiniert mit einem Limitpreis, berücksichtigt den Aspekt der Planungssicherheit.

Das Argument der Planungs- und Budgetsicherheit ist daher kein wirkliches Argument gegen moderne Formen der Tranchenbeschaffung.

Exkurs: Fukushima und die Auswirkung auf die Großhandelspreise

Östlich der japanischen Hauptinsel kam es am 11. März 2011 zu einem gewaltigen Erd- beziehungsweise Seebeben. Das Beben löste einen Tsunami aus, welcher mit großer Geschwindigkeit auf das japanische Festland zuraste. Etwa eine Stunde später erreichte er das direkt an der Küste gelegene Kernkraftwerk Fukushima Daiichi. Dessen Stromversorgung war bereits durch das Erdbeben unterbrochen. Wie für solche Fälle vorgesehen, fuhr das Kraftwerk zunächst die Stromproduktion herunter. Die Welle des Tsunamis durchschlug die viel zu niedrig konzipierte Schutzmauer der Anlage und legte die Versorgung durch Notstromaggregate lahm. Das nachgeschaltete Kühlsystem konnte die Reaktorkühlung nicht lange genug gewährleisten. Die Situation in vier von sechs Blöcken geriet außer Kontrolle und war technisch nicht mehr beherrschbar. Die Entwicklung gipfelte in einer Wasserstoffexplosion, welche die Kraftwerkskuppel absprengte und den Gebäudekomplex zerstörte. Durch die gewaltige Explosion kam es zur Freisetzung einer großen Menge an Radioaktivität. Gleichzeitig gelangte verstrahltes Kühlwasser ins Meer. Die Behörden mussten einen Evakuierungsradius von 20 km um das Kraftwerk festlegen. Kurzzeitig befürchtete man sogar, dass Tokio mit 13 Mio. Einwohnern innerhalb kurzer Zeit hätte evakuiert werden müssen. In der Bundesrepublik führten die Geschehnisse um die Reaktorkatastrophe zu einer Revidierung der Beschlüsse zur Verlängerung der Kernkraftwerkslaufzeiten aus dem Vorjahr. Die drei ältesten Kraftwerke erhielten ein dreimonatiges Moratorium, um sie einer Sicherheitsprüfung zu unterziehen. Ein späterer Beschluss der Bundesregierung wandelte diese befristete Abschaltung in ein generelles Abschalten um. Für die verbliebenen Kernkraftmeiler beschloss die Bundesregierung eine stufenweise Abschaltung bis ins Jahr 2022. Die Beschlüsse des deutschen Kernkraftausstiegs, ausgelöst durch die Ereignisse in Fukushima, führten zu Verwerfungen auf dem deutschen Stromgroßhandelsmarkt. Diese Entwicklungen zeigen die Volatilität, für die Großhandelsmärkte ausgesetzt sind. Sie zeigen aber auch die psychologischen Aspekte des Großhandelsmarktes. Nahezu alle Analysten und Marktbeobachter prophezeiten nach dem Kernkraftausstieg im Frühjahr 2011 ein starkes Ansteigen der Strompreise am Großhandelsmarkt. Es wurde das Ende des Zeitalters der günstigen Energie vorausgesagt. Aufgrund des Angebots-Nachfrage-Mechanismus erwarteten Marktbeobachter durch das Wegfallen der Kernkraftkapazitäten ein Ansteigen der Strompreise in bisher nie gekannte Höhen. Tatsächlich zogen die Großhandelspreise zu diesem Zeitpunkt erheblich an. Dies führte zu weiteren Panikkäufen und ließ den Preis innerhalb kurzer Zeit weiter steigen. Stromversorger empfahlen ihren Kunden, sich abzusichern und die benötigten Strommengen für kommende Jahre schnell zu beschaffen, um sich vor einem weiteren

Preisanstieg zu schützen. Die Einkäufer in Großkonzernen und Mittelstandsunternehmen sahen die Medienberichte und beschafften häufig ihre prognostizierten Strommengen vollständig. Die Entwicklung der Großhandelspreise folgte jedoch nicht der Prophezeiung der meisten Marktexperten. Die Preise fielen in einer verblüffend kurzen Zeitspanne auf das Preisniveau vor der Krise. Innerhalb der nächsten drei Jahre sanken sie auf ein historisch niedriges Niveau (Abb. 4.7).

Es stellte sich heraus, dass große Überkapazitäten im deutschen und europäischen Kraftwerkspark die wegfallenden Kernkraftkapazitäten mehr als ausgleichen konnten. Mit dem starken Zubau der erneuerbaren Energien kam es insgesamt zu einem Überangebot an Strom, was in fallenden Großhandelspreisen resultierte. Die Entwicklung der Preise verlief im Gegensatz zu den Erwartungen der Marktexperten. Vor allem die Unternehmen, die Festpreise zu hohen „Krisenpreisen" abgeschlossen hatten, mussten realisieren, dass die Großhandelspreise immer weiter zurückgingen. Für viele Einkaufsverantwortliche eine sehr unangenehme Situation, die sie gegenüber der Geschäftsführung rechtfertigen mussten.

Die Beschreibung der Marktsituation zeigt zwei grundlegende Aspekte der Entwicklungen an den Energiemärkten. Der erste Aspekt ist: So übersichtlich Marktentwicklungen auch erscheinen mögen, sie sind nur sehr schwer zu prognostizieren. Der zweite Aspekt ist, dass es sehr gefährlich ist, beim Stromeinkauf alles auf eine Karte zu setzen und das Risiko nicht zu diversifizieren.

Die Kundenunternehmen, die eine strukturierte Beschaffungsstrategie verfolgten, waren die Gewinner des Preisverfalls. Auch sie hatten einzelne Teiltranchen in den Preis-Peaks nach Fukushima gekauft. Jedoch nahmen sie auch am anschließenden Preisverfall teil, was zu einem günstigen Durchschnittspreis führte. Diese Entwicklung der Großhandelspreise nach der Fukushima-Katastrophe kann bei der Festlegung der eigenen Strombeschaffungsstrategie als Beispiel dienen. In der Regel bieten strukturierte Beschaffungsmodelle Vorteile, um sich auf entsprechende Marktentwicklungen einzustellen. Gleichzeitig zeigt das Beispiel, dass die Meinungen von Marktexperten nicht notwendigerweise richtig sein müssen. Die Einflussfaktoren sind zu zahlreich und komplex, um ein verlässliches Urteil über zukünftige Marktentwicklungen zu treffen. Ein objektives Beschaffungssystem, welches die subjektive Meinung in den Hintergrund stellt, beugt entsprechenden Fehleinschätzungen vor.

Alternative der manuellen Beschaffungssystematik

Neben den automatisierten Tranchenbeschaffungssystemen gibt es die manuelle beziehungsweise individuelle Tranchenbeschaffung. Charakteristisch für diese Art der Beschaffung ist, dass im Gegensatz zu den automatisierten Modellen das Kundenunternehmen den Zeitpunkt des Teilmengeneinkaufs eigenständig wählt.

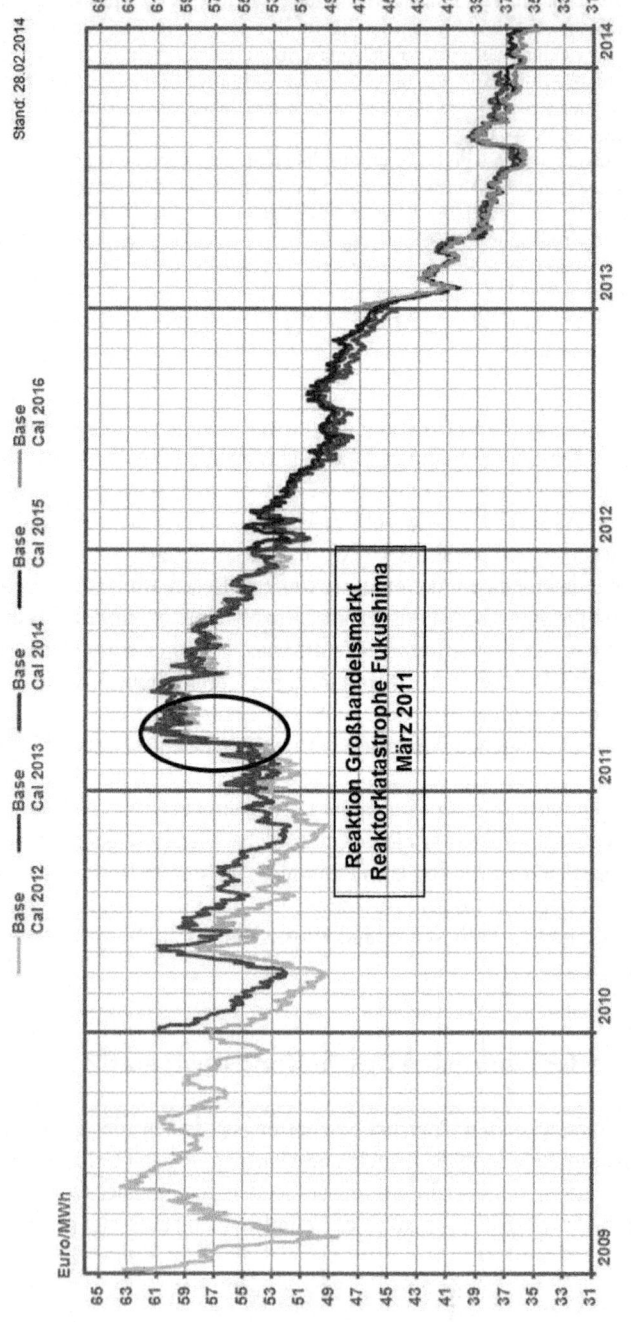

Abb. 4.7 Großhandelsmärkte und Fukushima

Der Kunde kann dabei selbstständig entscheiden, welche Menge seines Gesamt-strombedarfs er zu welchem Zeitpunkt beschafft. Die Beschaffung erfolgt über den Stromversorger, welcher auf Anweisung des Kundenunternehmens die gewünschte Menge einkauft. Wie bei den automatisierten Modellen fällt neben dem Strom-preis eine Vergütungspauschale in Cent pro Kilowattstunde oder eine Pauschal-vergütung des Stromversorgers an. Im Vergleich zu allen bisher beschriebenen Be-schaffungsmodellen, inklusive der automatisierten Tranchenbeschaffung, setzt die individuelle Tranchenbeschaffung das größte Know-how auf Kundenseite voraus. Eine qualifizierte Entscheidung, wann welche Menge beschafft werden soll, setzt eine regelmäßige Beobachtung und Einschätzung der Großhandelsmärkte voraus. Ein Grundverständnis über die Zusammenhänge und Einflussfaktoren der Märk-te ist notwendig. Dieses ist die Einschränkung für dieses Modell in der Nutzung durch kleinere und mittelständische Unternehmen. Für sie lohnt sich dieser Auf-wand nicht.

Die zweite Einschränkung ist, dass sich dieses Modell erst ab einer größeren Abnahmemenge lohnt. Unter 15 GW/h Jahresverbrauch kommt das Modell der in-dividuellen Tranchenbeschaffung in aller Regel nicht infrage. Die meisten Strom-versorger bieten es wegen Größenrestriktionen beziehungsweise Mindestbeschaf-fungsmengen am Großhandelsmarkt unter dieser Verbrauchsmenge nicht an. Die manuelle Tranchenbeschaffung kommt daher nur für Unternehmen mit einer grö-ßeren Abnahmemenge (über 15 GW/h) und einem überdurchschnittlichen Strom-kostenanteil infrage. Nur in diesem Fall lohnt sich der Mehraufwand im Vergleich zu anderen Modellen. Für Unternehmen, welche diese Kriterien erfüllen, stellt die manuelle oder individuelle Tranchenbeschaffung jedoch ein geeignetes Beschaf-fungsinstrument dar. Sie reduzieren das Marktpreisrisiko, gewährleisten ein hohes Maß an Flexibilität und bieten die Chance, an volatilen Großhandelsmärkten zu partizipieren.

Notwendigkeit der Marktinformationen

Für den Kunden ist bei diesem Modell der individuellen Tranchenbeschaffung wichtig, sich für einen Stromversorger zu entscheiden, welcher ihn mit Markt-informationen und einer Einschätzung zu Marktentwicklungen bei seiner Entschei-dungsfindung unterstützt. Der Kunde kann dieses Know-how in seine Entschei-dungsfindung integrieren und profitiert somit von der Expertise des Stromversor-gers. Ebenso gibt es Energieberater, welche ein breites Spektrum an Dienstleis-tungen anbieten (Kap. 5). Dieses reicht von der reinen Marktinformation bis hin zur kompletten Übernahme der Entscheidung über die Teilmengenbeschaffungen. Unabhängig, ob direkt mit dem Energieversorger oder indirekt über einen Beschaf-

Tab. 4.3 Vergleich automatisierte und individuelle Tranchenbeschaffung

Automatisierte Tranchenbeschaffung	Individuelle Tranchenbeschaffung
Beschaffung von Teiltranchen nach vereinbartem Beschaffungsmechanismus	Beschaffung von Teiltranchen auf Basis eigener Entscheidung
Geringer administrativer, personeller Aufwand	Höherer administrativer, personeller Aufwand
Abhängigkeit von Beschaffungsmechanismus	Abhängigkeit von zutreffenden Preisprognosen
Keine Marktbeobachtung erforderlich	Genaue Marktbeobachtung erforderlich
Risikodiversifizierung	Risikodiversifizierung
Möglichkeit, von Marktentwicklungen zu profitieren	Möglichkeit, gezielt von Marktentwicklungen zu profitieren
Kein energiewirtschaftliches Know-how erforderlich	Energiewirtschaftliches Know-how erforderlich
In der Grundform keine eigenständige Entscheidungsfreiheit	Entscheidungsfreiheit über Tranchenhöhe und Einkaufszeitpunkt
Vorteil bei fallenden Großhandelspreisen	Vorteil bei fallenden Großhandelspreisen
Klarheit über den Netto-Strompreis gegebenenfalls erst kurz vor Lieferbeginn	Klarheit über den Netto-Strompreis gegebenenfalls erst kurz vor Lieferbeginn
Kostentransparenz über Vergütung des Stromversorgers	Kostentransparenz über Vergütung des Stromversorgers

fungsdienstleister, bei der individuellen Tranchenbeschaffung ist ein genau definierter Abstimmungsprozess entscheidend für den Erfolg. Es muss garantiert sein, dass Ansprechpartner permanent zu erreichen sind, um Einkaufsentscheidungen in Auftrag geben zu können. Auch müssen Preis-Reporting und Preisbestätigung funktional sein, um Transparenz über das eigene Stromportfolio zu gewährleisten.

Tabelle 4.3 fasst die wesentlichen Unterschiede der automatisierten und der individuellen Tranchenbeschaffung zusammen.

Portfoliomanagement

Die ausgeprägteste Form der strukturierten Beschaffung ist das Portfoliomanagement. Für kleinere und mittlere Unternehmen steht diese Beschaffungsstrategie nur eingeschränkt zur Verfügung. 99 % aller Unternehmen, welche auf diese Weise Strom beschaffen, gehören nicht zum klassischen Mittelstand. Es ist die typische Beschaffungsstruktur von industriellen Großkonzernen. Das Portfoliomanagement erfordert das Vorhalten von hohem energiewirtschaftlichem Know-how, spezialisierten Einkäufern und einer eigenen organisatorischen Struktur für den Stromeinkauf. Diese Strukturen sind kostenintensiv. Die erzielten Einsparungen lohnen sich in aller Regel erst ab einem sehr großen Abnahmevolumen (ab ca. 300 GW/h). Die überwiegende Mehrheit des Mittelstandes zählt nicht in diese Verbrauchskategorie. Nichtsdestotrotz kann es Sinn machen, das Portfoliomanagement als Form der Strombeschaffung zu kennen. Möglicherweise sind einzelne mittelständische Unternehmen auch in Firmenverbünden zusammengeschlossen oder gehören größeren Konzernstrukturen an. In diesen Strukturen kann das Portfoliomanagement durchaus auch für mittelständische Unternehmen eine Option sein.

Preisvorteile und Transparenz durch Risikoübernahme

Beim Portfoliomanagement wird der Summenlastgang des Kundenunternehmens von den eigenen Spezialisten soweit wie möglich in einzelne an den Großhandelsmärkten handelbare Standardprodukte zerlegt. Das Kundenunternehmen übernimmt diesen Arbeitsschritt sozusagen vom Stromversorger. Sinnvoll ist dieses Vorgehen vor allem bei Kunden mit einer gleichmäßigen und gut prognostizierbaren Verbrauchsstruktur. Je weniger die tatsächliche Verbrauchstruktur von der prognostizierten Verbrauchstruktur abweicht, desto genauer kann die Zusammenstellung der benötigten Standardprodukte umgesetzt werden. Die Beschaffung der Standardprodukte erfolgt meist nicht direkt über die Großhandelsmärkte. Hierfür sind Börsenzulassungen und Händlergebühren erforderlich. Daher erfolgt sie in der Regel über einen Mittler (Energieversorger, Stromhändler) mit einer Handelszulassung an den Großhandelsmärkten.

Die Kunst des Portfoliomanagements ist es nun, an den Großhandelsmärkten einen möglichst genauen und günstigen Mix der gehandelten Standardprodukte zusammenzustellen, um die eigene Verbrauchstruktur abzubilden. Da Standardprodukte nicht den tatsächlichen Lastgang abdecken, kommt es zu Über- beziehungsweise Unterdeckungen. Diese Unter- beziehungsweise Überbedarfe müssen entweder am Spotmarkt zu- oder verkauft werden. Daraus können Verluste oder Gewinne entstehen. Das Unternehmen wird zu einem gewissen Grad Energiehändler. Der Kunde übernimmt Risiken des Energieversorgers (Prognoserisiken, Marktpreisrisiken). Er kann daher durch das Portfoliomanagement erhebliche Kostenvorteile erzielen, weil der Energieversorger diese Risiken nicht einpreisen muss.

Ein Teil der eigenen Verbrauchstruktur kann nicht über Standardprodukte beschafft werden. Es ist der sogenannte Residuallastgang. Für diesen Teil schließt das Kundenunternehmen in der Regel mit einem Stromversorger einen Liefervertrag ab. Dieser erhält dafür entweder eine verbrauchsabhängige Vergütung je Kilowattstunde oder eine Pauschalvergütung.

Die Vorteile des Portfoliomanagements für Kundenunternehmen mit hohem Stromverbrauch liegen in einer hohen Kostentransparenz. Die Kalkulation des Strompreises erfolgt durch das Unternehmen selbst. Die Übernahme von Risiken senkt die Gesamtkosten. Um diese Vorteile zu erreichen, ist ein hoher organisatorischer Aufwand zu betreiben.

Hoher administrativer Aufwand

Das Kundenunternehmen übernimmt größtenteils selbst die Rolle des Stromversorgers und Markt- (An- und Verkauf von Über-/Untermengen) beziehungsweise Prognoserisiken. Die zusätzlichen Risiken sowie die Kosten für das Vorhalten der organisatorischen Struktur steigern den Erfolgsdruck, die Gesamtkosten der Strombeschaffung zu reduzieren. Die Einführung einer derartigen Beschaffungsmethode ist mit einer erheblichen zeitlichen Vorlaufzeit verbunden. Das Unternehmen muss zunächst die organisatorischen Änderungen vornehmen, die richtigen Dienstleister auswählen und qualifizierte Fachkräfte einstellen. Selbst wenn all diese Bedingungen erfüllt sind, ist es noch keine Garantie dafür, einen Strompreis zu erhalten, welcher deutlich unter dem Marktdurchschnitt des Großhandelsmarktes liegt.

Die Merkmale des Portfoliomanagements in der Strombeschaffung zeigt Tab. 4.4.

Die Darstellung der verschiedenen Beschaffungsmodelle sowie die jeweiligen Vor- und Nachteile zeigen die Bandbreite der Möglichkeiten bei der Strombeschaffung auf. Bei den Wahlmöglichkeiten gilt es, intelligent die Erfordernisse und

Tab. 4.4 Merkmale des Portfoliomanagements

Beschaffung von Standardprodukten an den Großhandelsmärkten
Langfristige Beschaffung über Terminmarkt, kurzfristige Portfolio-Optimierung über den Spotmarkt
Verkauf von Leistungsspitzen am Spotmarkt
Erzielung von Handelsgewinnen (Verlusten) möglich
Hohes Maß an Marktbeobachtung erforderlich
Übernahme von Markt-, Preis- und Prognoserisiken durch das Kundenunternehmen
Hohes Maß an energiewirtschaftlichem Know-how erforderlich
Organisatorische Änderungen ggf. erforderlich
Hoher administrativer und personeller Aufwand
Preisvorteil durch Übernahme von kalkulatorischen Risiken
Hohes Maß an Preistransparenz über die Vergütung des Stromversorgers
Geeignet für Unternehmen mit hohem Stromverbrauch und einem gut prognostizierbarem Verbrauchsprofil

Voraussetzungen der eigenen betrieblichen Abläufe mit der passenden Strombeschaffungsstrategie zu kombinieren.

Der folgende Abschnitt stellt die Möglichkeiten vor, den Spotmarkt in die eigene Strombeschaffungsstrategie einzubeziehen.

Spotmarktbeschaffung

Die Spotmarktbeschaffung ist kein eigenständiges Strombeschaffungsmodell. Sie kann jedoch als Ergänzung der Beschaffungsstrategie Marktchancen realisieren und Kosten senken.

Der Großhandelsmarkt für Strom teilt sich in zwei Marktsegmente, den Termin- und den Spotmarkt. Am Spotmarkt werden die sehr kurzfristigen Geschäfte, unter anderem die Lieferung von Strom für den Folgetag (Day-Ahead) gehandelt. Mittelständische Unternehmen haben ihren kompletten Strombedarf bisher in aller Regel grundsätzlich über ihren Lieferanten am Terminmarkt eingedeckt. Der Spotmarkt blieb den Energieversorgern oder gegebenenfalls Konzernen mit großen Stromabnahmemengen vorbehalten. Sie konnten ihre Stromportfolien kurzfristig optimieren. In den letzten Jahren gab es jedoch neue Produktentwicklungen. Diese bieten auch mittelständischen Unternehmen die Möglichkeit, von Entwicklungen am Spotmarkt zu profitieren. Bei diesen Produkten geht es in aller Regel nicht darum, die Gesamtstrommenge über den Spotmarkt zu beschaffen. Vielmehr beziehen sie den Spotmarkt intelligent in eine festgelegte Gesamtbeschaffungsstrategie ein. Eine Spotmarktanbindung lässt sich demnach prinzipiell sowohl mit der Festpreisbeschaffung als auch mit einer strukturierten Beschaffung kombinieren. Warum kann die Spotmarkteinbindung für ein Unternehmen sinnvoll sein?

Auswirkungen der Energiewende auf den Spotmarkt

Ein wesentlicher Grund hierfür sind die Entwicklungen der Energiewende. Einer der Kernbestandteile der Energiewende ist der Ausbau der erneuerbaren Energien. Das vom Gesetzgeber geschaffene Instrument, um diesen Ausbau zu forcieren, ist das Erneuerbare-Energien-Gesetz (EEG). Es legt die Förderbestimmungen für die verschiedenen Erzeugungsarten der erneuerbaren Energien, zum Beispiel Photovoltaik, Windkraft, Biomasse, fest. Diese Förderbedingungen waren für Investoren so attraktiv, dass es seit 2004 zu einem sehr schnellen Wachstum der erneuerbaren Energien kam. Der Strom aus erneuerbaren Energien wird im Wesentlichen über den Spotmarkt verkauft. Daraus resultieren Chancen für die Strombeschaffung von Unternehmen. Am Spotmarkt zeigt die Energiewende die deutlichsten Auswirkungen auf die Preisbildung. Hier treffen Angebot und Nachfrage physisch ohne Marktspekulationen aufeinander. Durch den enormen Zubau der erneuerbaren Energien mit ihrer flukturierenden Produktionsweise kam es zunehmend zu einem Überangebot von Strom am Spotmarkt. Daraus resultierte in den letzten Jahren ein nachhaltiger Preisverfall. Zwar fielen auch die Terminmarktpreise, jedoch nicht in dem Maß, wie die Preise am Spotmarkt. Es öffnete sich eine Lücke zwischen Terminmarkt- und Spotmarktpreisniveau.

Veränderung der Preisstruktur

Am deutlichsten zeigen sich die strukturellen Marktänderungen in den klassischen laststarken Peak-Stunden (werktags acht bis 20 Uhr). Da die typischen Sonnenstunden in diesem Zeitraum liegen, führt der vermehrte Photovoltaikausbau in diesen Stunden zu einer steigenden Stromproduktion. Das führt zu einem steigenden Stromangebot am Spotmarkt und dadurch zu sinkenden Preisen (Abb. 4.8).

Viele Unternehmen haben je nach Branche in diesen Zeiten ihren höchsten Stromverbrauch. Innovative Beschaffungskonzepte ermöglichen es diesen Unternehmen, an den Entwicklungen zu partizipieren. Sie können somit von der Energiewende profitieren und sind wegen steigender Umlagen nicht nur Verlierer der Entwicklungen. Die Ursachen dieses deutlichen Preisdeltas zwischen Termin- und Spotmarkt bleiben bestehen. Zwar deutet sich mit den Reformvorhaben der Bun-

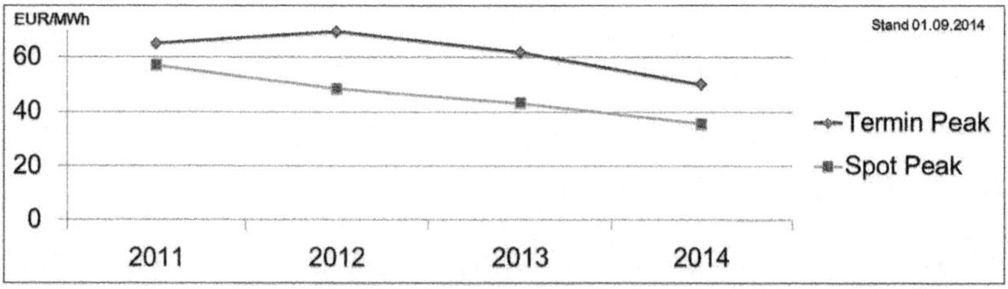

Strom Base	2011	2012	2013	2014*
Termin	50,80	56,13	49,39	39,17
Spot	51,12	42,60	37,78	31,74

Strom Peak	2011	2012	2013	2014*
Termin	64,93	69,33	61,62	49,90
Spot	57,12	48,51	43,13	34,73

Abb. 4.8 Jahresvergleich Terminmarkt – Spotmarkt (2014 prognostiziert)

desregierung aus dem Sommer 2014 eine Verlangsamung des Ausbautempos der erneuerbaren Energien an, doch gibt es auch zukünftig einen Zubau entsprechender Anlagen. Dieser Ausbau wird durch die Ziele der Energiewende, im Jahr 2050 etwa 80 % des Strombedarfs der Bundesrepublik Deutschland durch erneuerbare Energien abzudecken, determiniert. Der Zubau der erneuerbaren Energien wird perspektivisch vermutlich etwas an Einfluss verlieren da der geplante Ausbau inzwischen im Terminmarkt eingepreist ist. Eine verlässliche Prognose des Preisverhältnisses zwischen Spotmarkt und den gehandelten Terminprodukten ist schwierig da zum Teil auch derzeit unbekannte Faktoren wie die Wetter- und Temperaturbedingungen bzw. die Entwicklungen der Emissions- und Kohlepreise in eine Bewertung einfließen müssen.

Unterschiedliche Varianten der Spotmarktbeschaffung

Die Möglichkeiten, den Spotmarkt in die eigene Beschaffungsstrategie einzubeziehen, sind sehr individuell. Sie unterscheiden sich von Branche zu Branche und von Unternehmen zu Unternehmen.

Das klassische Modell beinhaltet eine Aufteilung der prognostizierten Gesamtstrommenge in einen festen Terminmarkt- und einen Spotmarktanteil. So wird typischerweise ein vorher definierter Prozentsatz des Gesamtstromvolumens wie bisher am Terminmarkt gekauft. Das kann im Rahmen einer Festpreisbeschaffung oder der strukturierten Beschaffung erfolgen. Die Restmenge wird am Spotmarkt beschafft. Für diese Restmenge fallen Beschaffungszeitraum und Lieferzeitraum zusammen. Das bedeutet, der finale Energiemischpreis bildet sich erst während des Lieferzeitraumes. Dies ist der Gesamtstrompreis für eine Lieferperiode (z. B. Jahr), der sich somit aus der im Vorfeld bereits beschafften Terminmarktmenge und der während der Lieferperiode beschafften Spotmarktmenge bildet. Der Gesamtpreis ist der mengengewichtete Mischpreis aus beiden Mengen. Durch das günstigere Preisniveau des Spotmarktes kann der Kunde somit einen niedrigeren Mischpreis erzielen als durch eine reine Terminmarktbeschaffung. Der Hebel in diesem Modell ist der prozentuale Anteil der prognostizierten Gesamtstrommenge, welcher am Spotmarkt beschafft wird. Je größer diese Menge ist, umso höher ist die Chance, von einem Preisunterschied zwischen Termin- und Spotmarkt zu profitieren (Abb. 4.9).

Dieser Hebel ist auch die Stellschraube, um Aspekte wie Budgetsicherheit und Chancenprofil in Balance zu bringen. Denn das wesentliche Merkmal der Spotmarktanbindung ist, dass der finale Energiepreis erst mit Ablauf der Belieferungszeit feststeht.

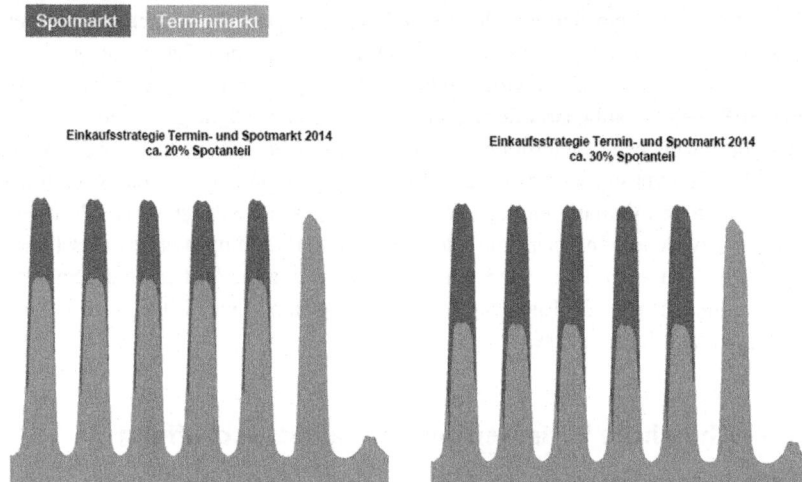

Abb. 4.9 Beispiel prozentuale Aufteilung Terminmarkt und Spotmarkt

Für Unternehmen, welche ein hohes Maß an Planungssicherheit benötigen, zum Beispiel Pflegeheime oder öffentliche Einrichtungen, kommt die Spotmarktbeschaffung daher nicht infrage. Auch bleibt das grundsätzliche Risiko, dass das niedrige Spotmarktpreisniveau sich umdrehen beziehungsweise sich wieder dem Terminmarktniveau anpassen kann. Es gilt, wie bei allen unternehmerischen Entscheidungen, ein Chancen-Risikoprofil abzuwägen. Dienstleistungsorientierte Stromanbieter unterstützen ihre Kundenunternehmen bei der Erstellung dieses Chancen-Risikoprofils. Sie können darüber informieren, inwieweit eine Spotmarkteinbeziehung für das jeweilige Kundenunternehmen sinnvoll ist. Ein innovativer Stromversorger wird seine Kundenunternehmen über eine individuelle Spotmarktstrategie und die möglichen Beschaffungsmodelle informieren. Zwei mögliche Beispiele sind:

• Sonnenstundenbeschaffung: Strombeschaffung über den Spotmarkt in den günstigen Stunden mit hoher Photovoltaikeinspeisung
• Wochenendbeschaffung: Strombeschaffung über den Spotmarkt an den nachfrageschwachen Wochenendtagen

Welche Strategie für das Kundenunternehmen die richtige ist, kann der Stromversorger anhand des Summenlastgangs errechnen.

Die Spotmarktanbindung stellt ein neues Instrument zur Verfügung, um die eigene Strombeschaffung weiter zu individualisieren und zu optimieren. Dies erhöht die Bandbreite der Produktmöglichkeiten und stärkt die Flexibilität. Um einen spürbaren Kostenvorteil zu erzielen, kommt die Einbeziehung des Spotmarktes ab einer Verbrauchsmenge von etwa 10 GW/h in Betracht. Jedem Kundenunternehmen, welches sich für die Einbeziehung des Spotmarktes entscheidet, muss bewusst sein, dass sich die Marktsituation auch ändern kann. Es können Situationen eintreten, in denen die durchschnittlichen Spotmarktpreise eines Jahres wieder über denen der Jahresterminmarktprodukte liegen. Der intensive Austausch von Kundenunternehmen und Stromversorger und die dadurch resultierende Transparenz für das Kundenunternehmen sind auch hier der Schlüssel zum Erfolg.

Exkurs: Das Phänomen der negativen Spotmarktpreise

Am Spotmarkt kommt es seit einigen Jahren zu einem Phänomen, welches exemplarisch für die Marktverwerfungen der Energiewende am Großhandelsmarkt steht. Es gibt seit einigen Jahren Tage beziehungsweise Stunden, an denen sich der Preis für Strom am EEX-Spotmarkt ins Negative umkehrt. Das heißt, der Stromkäufer erhält Geld für die Abnahme von Strom in diesen Stunden. Eine paradoxe Situation, welche sich nur aufgrund der Charakteristiken des deutschen Kraftwerksparks verstehen lässt.

So wurde am 16. Juni 2013 die Stromlieferung für bestimmte Stunden des Folgetages (Day-Ahead) mit negativen Preisen gehandelt. Der 16. Juni 2013 war ein schöner Sonnentag mit hoher Photovoltaikeinspeisung. Aufgrund guter Windbedingungen gab es eine relativ hohe Windkraftproduktion. Da es sich um einen Wochenendtag handelte, war die Stromnachfrage niedrig. Am Strommarkt müssen aufgrund der technischen Netzstruktur und der nur sehr geringen Stromspeichermöglichkeiten Angebot und Nachfrage immer im Einklang stehen. Nur so bleibt das Stromversorgungssystem funktionsfähig. Daher musste am 16. Juni 2013 und an ähnlichen Tagen der überschüssige Strom nicht nur verschenkt, sondern den Abnehmern sogar Geld für die Abnahme geboten werden. Ein ungewöhnliches Phänomen in einem marktwirtschaftlich organisierten Markt. Die Anzahl der Tage mit negativen Preisen für einzelne Stunden im Spotmarkt hat sich in den Jahren seit 2009 stark erhöht.

Viele Marktbeobachter machen den starken Ausbau der erneuerbaren Energien für die negativen Preise verantwortlich. Die Kritik ist, dass es durch ihren Zubau zu Überkapazitäten kommt. Ihre unstetige Produktionsweise kann sich nicht auf eine Situation mit geringerer Nachfrage einstellen. Dies ist sicherlich ein Aspekt. Jedoch sind auch Kernkraftwerke und Braunkohlekraftwerke in ihrer Betriebsweise sehr träge. Ihre Betreiber können sie nicht flexibel innerhalb von Stunden hoch- und herunterregeln. So liefen diese Kraftwerke in diesen Stunden trotz negativer Preise. Für die Kraftwerksbetreiber wäre es jedoch teurer die Kraftwerke runter- und später wieder hochzufahren. Unter Energiewirtschaftlern ist bis heute umstritten ob nun die unstetigen erneuerbaren Energien oder die unflexiblen Kern- und Braunkohlekraftwerke, die sogenannten Grundlastmeiler, mehrheitlich für die negativen Preise verantwortlich sind. Für den Beschaffungsverantwortlichen ist diese Diskussion theoretischer Natur. Ihm zeigen die negativen Preise, wie sehr sich Spot-, und Terminmarkt entkoppeln können. Selbstverständlich sind die negativen Preise ein Randphänomen und werden auch in Zukunft nur in einzelnen Stunden bestimmter Tage auftreten. Doch spricht derzeit vieles dafür, dass der durchschnittliche Spotpreis niedrig bleibt. Die Spotmarkteinbindung stellt daher eine interessante Ergänzung zum klassischen Stromeinkauf über den Terminmarkt dar.

4.2 Die Grundlagen der Grünstrombeschaffung

Spätestens seit den energiewirtschaftlichen Entscheidungen nach der Reaktorkatastrophe in Fukushima ist das Thema Nachhaltigkeit in der Strombeschaffung im
Fokus der Öffentlichkeit. Auch für mittelständische Unternehmen hat das Thema
Nachhaltigkeit in den letzten Jahren aus mehreren Gründen erheblich an Bedeutung gewonnen. Es können Marketingaspekte eine Rolle spielen oder es kann der
Wunsch sein, seiner Verantwortung gegenüber Gesellschaft und Natur als Unternehmen gerecht zu werden. Um diese Nachhaltigkeit auch im Stromeinkauf umzusetzen, bietet sich die Beschaffung von Grünstrom an.

Spezifische Gründe für Unternehmen, Grünstrom zu beschaffen, sind oft:

- Unterstützung des Unternehmensimage durch eine ganzheitliche Nachhaltigkeitsstrategie
- Wunsch von Unternehmenskunden (primär im Konsumgüterbereich)
- Unternehmensinterne Gründe, zum Beispiel Eigentümer, Aufsichtsräte fordern
  eine Grünstrombeschaffung

Heterogener Markt für Grünstrom

Analysiert der für den Stromeinkauf verantwortliche Unternehmensmitarbeiter
den Beschaffungsmarkt für Grünstrom, so sieht er sich mit einem unübersichtli-
chen, heterogenen Markt konfrontiert. In der Bundesrepublik Deutschland gibt es
keine einheitliche, vom Gesetzgeber vorgeschriebene und rechtlich verbindliche
Definition, was Grünstrom beziehungsweise Ökostrom ist. Die Folge ist ein re-
gelrechter Wildwuchs an Produkten unterschiedlicher Qualität. Sie erschweren es
jedem Stromeinkäufer, den Überblick zu behalten. Mangelnde Transparenz führt
auch dazu, dass Grünstromprodukte verkauft werden, die dem Ziel „Förderung der
Nachhaltigkeit" nicht gerecht werden.

Um ein Mindestmaß an Markttransparenz zu gewährleisten, haben verschiedene
private Organisationen, zum Beispiel die TÜV-Landesorganisationen, beziehungsweise verschiedene Umweltverbände eigene Grünstromlabels geschaffen. Sie gewährleisten Qualitätsstandards und garantieren eine regelmäßige Kontrolle. Auf
diese Weise gibt es zumindest eine gewisse Standardisierung auf dem Grünstrom-
markt. Die Label helfen Kundenunternehmen, unter den zahlreichen, von Anbieter zu Anbieter unterschiedlichen Grünstromprodukten das für das Unternehmen
passende Angebot auszuwählen. Es kann sich auf die Auswahl eines passenden
Grünstromlabels konzentrieren. Doch das Problem, dass die verschiedenen Label
in Bezug auf ihre festgelegten Kriterien teilweise stark voneinander abweichen,

bleibt bestehen. Diese Abweichungen sind dem Wettbewerb unter den verschiedenen Labelherausgebern geschuldet. Deshalb muss das Kundenunternehmen bei der Grünstrombeschaffung per Label entscheiden, ob dieses Grünstromlabel die eigenen Beschaffungsziele unterstützt.

Der Markt für Grünstromprodukte bietet auch kleineren und mittleren Unternehmen viele Auswahlmöglichkeiten. Grünstromlabelprodukte erleichtern diese Auswahl. Sie sind jedoch keine zwingende Voraussetzung. Ebenso kann sich das Unternehmen mit individuellen Grünstromprodukten befassen. Es muss dann bereit sein, den notwendigen Mehraufwand an Informationsgewinnung und Auswertung in Kauf zu nehmen. Der Markt bietet eine Vielzahl von Produkten und Lösungen.

Unterscheidung von Graustrom und Grünstrom

Die physische Stromlieferung an ein Kundenunternehmen bleibt von dem Abschluss eines Grünstromvertrages unberührt. Der Kunde erhält weiterhin den Strom welcher sich aus dem aktuellen Strommix zusammensetzt. Im Durchschnitt des Jahres 2013 sah dieser Strommix in der Bundesrepublik Deutschland folgendermaßen aus:

- Braunkohle: 25,6 %
- Steinkohle: 19,6 %
- Kernkraft: 15,4 %
- Gas: 10,5 %
- Erneuerbare Energien: 23,9 %
- Sonstige Quellen: fünf Prozent

Grünstrom als virtuelles Produkt

Der gelieferte Strom setzt sich durchschnittlich aus diesen Erzeugungsquellen zusammen. Physisch erhält der Kunde den Strom geliefert, den das nächstgelegene Kraftwerk in das Netz einspeist. Den oben genannten Strommix nennen Energieexperten auch Graustrommix.

Eine direkte Änderung der Stromherkunft ließe sich nur durch die Installation einer Eigenerzeugungsanlage oder einer direkten Stromleitung beispielsweise zu einem Wasser- oder Windkraftwerk erzielen. Für die meisten mittelständischen Unternehmen, vor allem Filialbetriebe, ist dies keine reale wirtschaftliche Option.

Je nach gewähltem Grünstromprodukt (Qualität) und beschaffter Menge (Quantität) kann sich die Erzeugungsstruktur (= Strommix) der deutschen und europäischen Stromproduktion durch den Kauf von Grünstromprodukten ändern. Der Kunde verändert demnach mit seiner Entscheidung für Grünstrom nicht unmittelbar seinen eigenen individuellen Graustromix. Er stellt vielmehr sicher, dass mehr Grünstrom in das Netz eingespeist wird. Dadurch kann das Kundenunternehmen mit dem Abschluss eines Grünstromvertrages langfristig die Zusammensetzung des deutschen und europäischen Strommixes beeinflussen.

Der Mechanismus funktioniert folgendermaßen: Durch den Kauf von Grünstrom verpflichtet das Kundenunternehmen seinen Stromlieferanten zum Kauf bestimmter Grünstromkontingente in der bestellten Qualität (z. B. österreichische Wasserkraft). Der Lieferant muss diese Qualität von einem entsprechenden Grünstromproduzenten einkaufen. Durch die Einspeisung dieser zusätzlichen Mengen verändert sich langfristig der Strommix. Stromproduktion und Stromnachfrage müssen immer im Gleichgewicht stehen. Durch den Kauf der Grünstrommenge steigt der Gesamtverbrauch des Kundenunternehmens nicht an. Dafür muss eine andere Erzeugungsart (z. B. Gas- oder Kohlekraft), welche nicht explizit per Ausschreibung nachgefragt wurde, die Stromproduktion reduzieren beziehungsweise vom Netz gehen. Der gesamte Strommix wird somit langfristig etwas grüner. Damit wird ein wesentlicher Anspruch der Grünstrombeschaffung erreicht.

Die Vergrünung des Stromeinkaufs ist für das einzelne Unternehmen somit ein rein virtueller Vorgang. Die physische Herkunft der eigenen individuellen Stromlieferung bleibt unverändert. Für den gesamten Strommix kann der Abschluss jedoch reale, physische Auswirkungen haben. Auf dieser Ebene lässt sich auch die europäische Dimension der Grünstrombeschaffung erkennen. Viele Grünstromerzeugungsanlagen produzieren in Ländern wie der Schweiz, Österreich (Wasserkraft) oder Frankreich (Windkraft, Wasserkraft). Sie vermarkten ihre grünen Erzeugungskapazitäten unter anderem auch in der Bundesrepublik Deutschland.

Für ein Unternehmen mit der Absicht, eine Grünstrombeschaffungsstrategie zu implementieren, stellen sich zwei Kernherausforderungen. Es muss zunächst die Frage beantworten, wie die Grünstrombeschaffung die eigenen Nachhaltigkeitsziele unterstützen kann. Dann muss sich das Unternehmen mit dem Markt für Grünstromprodukte beschäftigen, um Angebote und Produkte qualifiziert vergleichen zu können.

Grünstrombeschaffung über Grünstromlabels

Die Herausgeber von Grünstromlabels (OK Power, TÜV-Süd u. a.) verlangen eindeutige Kriterien von den Grünstromproduzenten. Typische Kriterien sind beispielsweise:

- Alter der Produktionsanlage
- Zusammensetzung der Erzeugungsarbeit (Wasserkraft, Biomasse etc.)
- Einhaltung von ökologischen Rahmenbedingungen beim Kraftwerksbau

Einzelne Labels unterscheiden sich in ihren jeweiligen Kriterien recht deutlich und legen unterschiedliche Schwerpunkte fest. Auch unterscheiden sich die Labels in Bedeutung und Bekanntheitsgrad am Marktumfeld. Durch eine stetige Zertifizierung der Grünstromproduzenten gewährleistet der jeweilige Labelanbieter die Einhaltung seiner Kriterien.

Vorteile der Grünstromlabels

Dem Stromeinkäufer in mittelständischen Unternehmen mit knappen zeitlichen Ressourcen bieten Grünstromlabels Vorteile. Sie erleichtern ihm die Suche und Auswahl der richtigen Produkte. Er kann anhand der definierten Kriterien das passende Label identifizieren und sich auf die regelmäßige Zertifizierung durch den Herausgeber verlassen. Oft sind die Labels auch im Privatkundenbereich bekannt und daher den potenziellen Endkunden des Unternehmens ein Begriff. Das ist für das Unternehmen aus Marketinggründen von Vorteil, da es die Kommunikation der eigenen Nachhaltigkeitsstrategie gegenüber Endkunden vereinfacht.

> **Praxisbeispiel: Marketingwirkung durch Grünstrombeschaffung**
>
> Unternehmen A betreibt Modehäuser für Outdoorbekleidung. Das Thema Nachhaltigkeit hat in seiner Zielkundengruppe eine hohe Bedeutung. Aus diesem Grund möchte A seine Nachhaltigkeitsstrategie auch mit dem Bezug von Grünstrom unterstützen. Um einen maximalen Marketingeffekt zu erreichen, legt er in seinen acht Häusern Fragebogen aus. Auf diesen Fragebögen können die Kunden angeben, ob und in welcher Form sie Grünstrom als Privatpersonen beziehen. Bei der Auswertung der Bögen stellt sich heraus, dass etwa 30 % der Kunden Grünstrom über das XY-Label beziehen. A wählt nun ebenfalls einen Grünstrombezug über dieses Label. Die Lieferurkunden des Labels legt er in seinen Verkaufshäusern an den Kassen aus.

Nachteile der Grünstromlabels

Im Vergleich zu anderen Optionen der Grünstrombeschaffung sind Labelprodukte mit einem in der Regel höheren Preis verbunden. Dieser höhere Preis hat Gründe. Zum einen fallen für die Vermarktung der Labels und die regelmäßigen Audits und

Zertifizierungen Kosten an. Der Kunde zahlt einen Aufpreis auf die eingekaufte Standardisierung. Da die Labels tendenziell spezifischere Anforderungen an die Produktionsanlagen haben (z. B. Neuanlagen) ist die Beschaffung meist teurer als eine Grünstromlieferung ohne Grünstromlabel. Zum anderen zahlt der Kunde die Marge des Labelanbieters. Individuelle Wünsche des ausschreibenden Unternehmens können bei Labelprodukten aufgrund der Standardisierung nicht berücksichtigt werden. Sofern das Kundenunternehmen ein Nachhaltigkeits- beziehungsweise Umweltmanagementsystem hat, muss es prüfen, ob die Kriterien des Labels den eigenen entsprechen.

Grundsätzlich ist die Grünstrombeschaffung über standardisierte Labelprodukte auch für kleinere Unternehmen geeignet. Sie können sich ohne größeren Aufwand für eine qualitativ verlässliche Grünstromqualität entscheiden. Vereinzelt bieten Stromanbieter entsprechende Labels erst ab gewissen Mindestgrößen an. Dies gilt es in der Vorbereitungsphase einer Ausschreibung mit den angefragten Anbietern abzuklären.

Grünstrombeschaffung per Herkunftsnachweis (HKN)

Aufgrund der physikalischen und technischen Gegebenheiten erfolgt der Handel mit der Grünstromeigenschaft von Strom als rein virtueller Handel. Er ist getrennt von der physikalischen Lieferung zu betrachten. Instrument hierfür sind die sogenannten Herkunftsnachweise (HKN). Für jede in einer Erneuerbaren-Energien-Anlage produzierten Megawattstunde Strom wird ein Herkunftsnachweis erstellt. Dieser Nachweis bestätigt die grüne Eigenschaft des produzierten Stroms und ist unabhängig von Stromlieferverträgen handelbar. Er kann auch an andere Handelsteilnehmer als den Bezieher der physischen Stromlieferung (ohne HKN) verkauft werden. Damit es keine Doppelvermarktung gibt und der Kraftwerksbetreiber die grüne Eigenschaft des produzierten Stroms nur einmal vermarkten kann, wurde eine Art Bankkontensystem für die HKN-Grünstromzertifikate eingerichtet. Dieses System läuft über das European Energy Certificate System (EECS). Der Produzent meldet seine Anlage beim EECS an. Die Anlage durchläuft ein Gutachten, welches die technischen Daten der Angaben prüft und bestätigt. Das Gutachten wird bei der Erstanmeldung erstellt und danach in regelmäßigen Abständen geprüft. Dies stellt sicher, dass die geforderten Kriterien weiterhin erhalten bleiben. Das System standardisiert in vielen Ländern Europas die Informationen zu den Grünstromzertifikaten und sorgt somit für Transparenz, Verlässlichkeit und Standardisierung. Die im System enthaltenen Informationen beziehen sich auf Aspekte wie:

- Anlagentyp
- Standortdaten
- Energiequelle
- Anlagenbetreiber
- Fortlaufender Nummerncode des EECS-Systems

Nachdem die Anlage im EECS-System erfasst ist, erhält der Produzent je produzierte Megawattstunde ein Zertifikat auf ein elektronisches Konto gebucht. Das Zertifikat kann der Betreiber nun an einen Händler oder direkt an einen Energieversorger verkaufen. Dieser verkauft es wiederum einem Endkunden, zum Beispiel einem Großabnehmer, weiter. Nach Abschluss dieser Transaktion wird das Zertifikat gelöscht und somit aus dem Verkehr gezogen. Dieses Löschen garantiert, dass der Stromproduzent dieselbe grüne Eigenschaft des produzierten Stroms nicht mehrere Mal vermarktet. Den Nutzen der grünen Eigenschaft kann sich nun der Endverbraucher anrechnen, für den das Zertifikat gelöscht wurde. Er hat den produzierten grünen Strom virtuell verbraucht.

Ein Energieversorger mit eigenen Erneuerbare-Energien-Erzeugungskapazitäten kann HKN in eigenen Kraftwerken erzeugen und verkaufen. In den meisten Fällen kaufen Stromversorger die HKN jedoch zu und verkaufen diese an Endabnehmer weiter. Über das Herkunftsnachweissystem ist es Kundenunternehmen somit möglich, die eigene Grünstromausschreibung von der allgemeinen Stromausschreibung zu trennen. Er kann den gewünschten Grünstrom nicht vom Graustromlieferanten, sondern von einem anderen Stromlieferanten beziehen.

Verschiedene Szenarien bei der Beschaffung von HKN

In der Praxis können drei Szenarien für die Grünstrombeschaffung eintreten:

Szenario 1: Der Kunde bezieht die allgemeine Stromlieferung und die Grünstromzertifikate von einem Lieferanten in einem Grünstromprodukt kombiniert. Der Lieferant löscht das Grünstromzertifikat. In diesem Fall muss das Kundenunternehmen beachten, dass der Bestandslieferant möglicherweise in der Grünstrombeschaffung teurer ist als andere Lieferanten. Aufgrund der Zusammenfassung beider Bestandteile ist oftmals nicht mehr transparent ersichtlich, wie hoch der Ökostromaufschlag tatsächlich ist. Der Vorteil für Unternehmen liegt in der administrativen Erleichterung, da es nur eine Vertragsgrundlage gibt (Abb. 4.10).

Szenario 2: Im zweiten Fall beschafft das Kundenunternehmen seinen Graustrom über einen Lieferanten und parallel die benötigten Grünstromzertifikate vom selben Lieferanten. Dabei erfolgt die Löschung der Zertifikate im Namen des

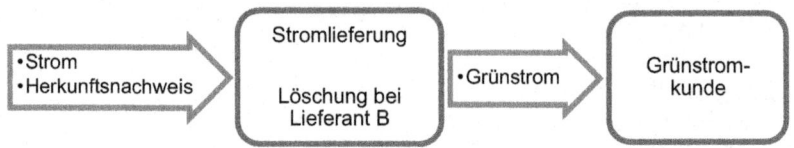

Abb. 4.10 HKN-Beschaffung Szenario 1

Endkunden. In diesem Fall ist die Preistransparenz größer. Der Kunde erhält einen Preis für die Graustromlieferung und einen Preis für die „Vergrünung". Er kann nun die Konditionen mit anderen Anbietern vergleichen und im Zweifel mit dem Bestandslieferanten in Verhandlungen treten. Auch in diesem Fall hat der Kunde nur einen Lieferanten, was die Abwicklung erleichtert. Vertraglich gibt es in aller Regel zwei Vertragswerke. Eines für die reguläre Stromlieferung und eines für die Grünstromlieferung. Diese Möglichkeit kommt eher für Kunden mit einer größeren Abnahmemenge (ab ca. 5 GW/h) infrage. Der Grund hier ist, dass es oftmals Mindestabnahmemengen seitens der Stromanbieter für diese Grünstrom-Back-to-Back-Beschaffung gibt (Abb. 4.11).

Szenario 3: Im dritten Szenario bezieht der Endkunde seinen Strombedarf von einem Stromlieferanten und seine Grünstromzertifikate von einem anderen. Die Löschung erfolgt wie bei Szenario 2 direkt für den Kunden. Der Vorteil liegt darin, dass der Kunde die Grünstromlieferung separat ausschreiben kann. Damit erhält er ein Maximum an Transparenz und kann gegebenenfalls Preisvorteile aushandeln. Der Nachteil liegt in einem erhöhten administrativen Aufwand, da es zwei Vertragsbeziehungen mit unterschiedlichen Stromlieferanten gibt. Zusätzlich muss der Kunde auch den Aspekt der Mindestabnahmemengen beachten. Aus diesem Grund kommt dieses Modell eher für größere Unternehmen infrage. Für sie lohnt sich ein entsprechender Aufwand in der betroffenen Abteilung (Abb. 4.12).

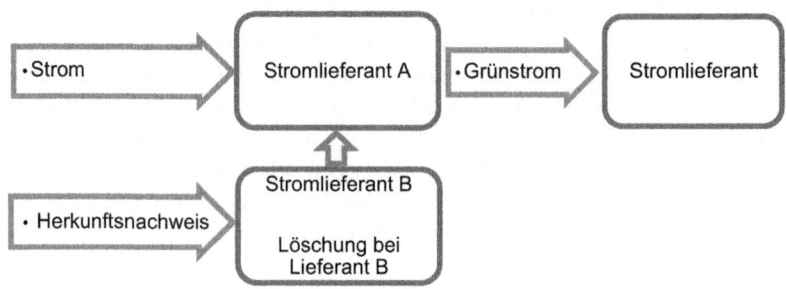

Abb. 4.11 HKN-Beschaffung Szenario 2

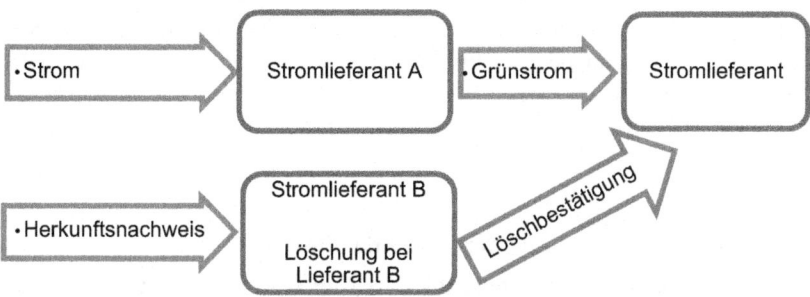

Abb. 4.12 HKN-Beschaffung Szenario 3

In allen drei Fällen ist das kombinierte Produkt dasselbe. Lediglich Preiszusammensetzung und Vertragspartner können variieren. Ob ein Unternehmen den Grünstrom getrennt von der regulären Stromlieferung ausschreiben soll, hängt vom Einzelfall ab. Im Zweifel ist der Bezug über einen Lieferanten für kleinere und mittlere Unternehmen empfehlenswerter, da weniger administrativer Aufwand entsteht.

Vor- und Nachteile der HKN-Beschaffung

Im Vergleich zur Strombeschaffung mit Labelprodukten bietet die HKN-Beschaffung Vorteile in puncto individuelle Produktzusammenstellung. Auch kann das Kundenunternehmen eine bereits laufende Graustromlieferung durch eine getrennte Zertifikatsbeschaffung aufwerten und in einen Grünstrombezug umwandeln. Durch geschicktes Ausschreibungsmanagement kann der Kunde seine Bezugskonditionen für Grünstrom im Vergleich zu den relativ unflexiblen Labelprodukten optimieren. Dies alles setzt jedoch einen höheren internen Aufwand und damit Kapazitätenbindung voraus. Das beginnt mit der Frage, wie das Grünstromprodukt aussehen soll. Stehen Marketingaspekte im Vordergrund, müssen dazu die entsprechenden internen Verantwortlichen des Unternehmens involviert sein. In der Regel ist es notwendig, mit Dienstleistern beziehungsweise Stromversorgern zu sprechen, um einen Überblick über diesen Markt zu erhalten. Ein weiterer Aufwand entsteht durch eine möglicherweise getrennte Ausschreibung von Grünstrom und durch verschiedene Vertragswerke beziehungsweise Vertragspartner. Deshalb sollte die HKN-Beschaffung nur infrage kommen, wenn entsprechende interne Kapazitäten vorhanden sind und die Abnahmemenge entsprechend groß ist. Die Preisersparnisse müssen den internen Mehraufwand rechtfertigen. Viele Unternehmen haben ein internes Umweltmanagementsystem, in welchem der Grünstrombezug dem Ziel der Reduzierung des CO_2-Ausstoßes des Unternehmens dient. In diesem

Fall sind Grünstromzertifikate im Vergleich zu Grünstromlabels die bessere Alternative. Das Kundenunternehmen kann Kriterien des eigenen Systems bereits in der Ausschreibung berücksichtigten. Auch an dieser Stelle muss eine enge Abstimmung mit den verantwortlichen Abteilungen beziehungsweise der Unternehmenskommunikation erfolgen.

Praxisbeispiel: Individuelle Wahl des Herkunftsortes

Unternehmen A ist ein Agrarhändler, welcher seine Lager und Verkaufshäuser in Süddeutschland und Österreich betreibt. Sein Kundenstamm setzt sich zu gleichen Teilen aus deutschen und österreichischen Kunden zusammen. Da A auch viele Kunden aus dem Bereich der nachhaltigen Landwirtschaft hat, entscheidet sich die Geschäftsführung dazu, Grünstrom zu beziehen. Um die Marketingwirkung zu maximieren, fragt A den Bestandslieferanten gezielt nach Grünstromzertifikaten aus österreichischer Wasserkraft. Die formelle Bestätigung, Grünstrom aus österreichischer Wasserkraft zu beziehen, legt A in seinen Verkaufsräumen aus und veröffentlicht eine kurze Pressemitteilung in den örtlichen Regionalzeitungen.

Tabelle 4.5 und 4.6 fassen die Vor- und Nachteile der Grünstrombeschaffung per Label und HKN zusammen.

Chancen und Risiken der Grünstrombeschaffung

Vor einer Entscheidung für Grünstrom muss ein Unternehmen die Vor- und Nachteile abwägen. Die Entscheidung selbst muss die Ziele des Unternehmens, die mit dem Bezug von Grünstrom erreicht werden sollen, in den Vordergrund stellen.

Tab. 4.5 Merkmale Grünstromlabel

Vorteile	Nachteile
Stetige Qualitätsprüfung durch eine unabhängige Organisation	Höhere Kosten
Standardisierte Qualität	Keine individuelle Ausschreibung möglich
Einfache Kommunikation gegenüber der Öffentlichkeit	

Tab. 4.6 Merkmale Herkunftsnachweise

Vorteile	Nachteile
Individualisierung möglich	Individualisierung erhöht den internen Abstimmungsaufwand
Trennung von Grünstrom- und Graustromausschreibung	Keine Standardisierung
Laufende Stromlieferungen können „vergrünt" werden	

Viele mittlere und kleinere Unternehmen wollen mit dem Bezug von Grünstrom ihrer Verantwortung gegenüber Gesellschaft und Umwelt gerecht werden. Darüber hinaus kann durch den Grünstrombezug das Ziel der positiven Unternehmensreputation im eigenen Marktumfeld gefördert werden. Deshalb ist bei der Entscheidung für die Beschaffung von Grünstrom und der Entscheidung für das passende Grünstromprodukt eine enge Zusammenarbeit der Unternehmensbereiche Beschaffung, Marketing und Unternehmenskommunikation erforderlich. In der Regel ist der Ökostrombezug mit einem Aufpreis gegenüber der reinen Graustromlieferung verbunden. Dieser Mehrpreis muss im Verhältnis stehen zu den Zielen, die das Unternehmen durch die Grünstrombeschaffung erreichen will. Das verlangt eine gezielte Grünstromproduktauswahl. Sofern das Unternehmen gezielt Marketingaspekte verfolgt, sollte das ausgewählte Grünstromprodukt auch zu dieser Marketingstrategie passen. Beide Aspekte, höhere Preise und die Auswahl des passenden Produktes, sind eng miteinander verbunden. Je nach Grünstromprodukt können sehr unterschiedliche Mehrkosten anfallen. Die Produkte sind zu unterschiedlich und die Preisspannen können in Abhängigkeit ihrer Verfügbarkeit stark variieren. Preisunterschiede von über 100 %, je nach Produkt, sind keine Seltenheit. Abhängig von der Abnahmemenge kann das Öko-Upgrade die Gesamtbezugskosten erheblich erhöhen. Diese Preisunterschiede machen deutlich, dass Grünstrom nicht gleich Grünstrom ist. Es sind im Wesentlichen drei Kriterien, nach denen verschiedene Grünstromprodukte unterschieden werden:

- Herkunftsort (z. B. Skandinavien, Frankreich, Österreich, Schweiz)
- Anlagenart (Wasserkraft, Windkraft, Biomasse)
- Anlagenalter

Je nachdem, wie sich der bezogene Ökostrom in diesen Kriterien unterscheidet, variiert auch der Preis.

Herkunftsort: Die gängigsten am Strommarkt angebotenen Grünstromprodukte basieren auf Wasserkraftwerken aus Skandinavien, Österreich, Frankreich oder der Schweiz. Diese Länder sind aufgrund ihrer topografischen Gegebenheiten am besten für diese Art der Erzeugung geeignet. Auch handelt es sich bei der Produktion über Wasserkraftwerke um die günstigste Form der Erzeugung von „grünem" Strom. Doch können Grünstrommengen auch aus Photovoltaikanlagen, Biomasse- oder Windkraftanlagen bezogen werden. Der Herkunftsort des bezogenen Grünstroms kann ein wichtiges Kriterium für die Auswahl des richtigen Produktes sein. Je nachdem, ob ein Unternehmen enge Geschäftsbeziehungen zum Herkunftsland hat, bietet sich ein Bezug aus diesem Land an. Auf diese Weise kann es eine optimale Marketingwirkung erzielen, sofern es den Grünstrombezug inklusive Herkunftsort publiziert.

Anlagenart: Das zweite Kriterium für den Grünstrombezug ist die Art der Erzeugung. Wasserkraft ist die häufigste Erzeugungsart für Grünstrom. Dies hat im Wesentlichen zwei Gründe. Der erste ist ein historischer. Die Stromproduktion aus industriellen Wasserkraftwerken ist seit mehr als 100 Jahren die älteste Form der Grünstromproduktion. Aus diesem Grund hat sie auch in Europa die größten Kapazitätsanteile bei den erneuerbaren Energien. Der zweite Grund ist ökonomischer Natur. Die Wasserkraft hat aufgrund ihrer großtechnischen Produktionsweise Skalenvorteile gegenüber anderen erneuerbaren Erzeugungsformen und ist damit günstiger. Es können auch Strommengen aus anderen Arten der erneuerbaren Energien wie Windkraft oder Solarenergie bezogen werden. Je nach Branche kann die Wahl der Erzeugungsart einem Marketingaspekt dienen. Ein Zulieferer für Windkrafthersteller könnte ein Grünstromprodukt, welches auf Windkraft basiert, bevorzugen und dies entsprechend kommunizieren.

Anlagenalter: Das Anlagenalter ist wahrscheinlich das wesentliche Unterscheidungskriterium für Preis und Zielsetzung der Wahl eines Grünstromproduktes. Über das Merkmal Anlagenalter lässt sich steuern, wie authentisch der Bezug von Ökostrom tatsächlich den Umbau des europäischen Kraftwerksparks hin zu erneuerbaren Energien unterstützt. Über dieses Kriterium kann das Kundenunternehmen den aktiven Umbau auf erneuerbare Energien forcieren. Viele Labelprodukte berücksichtigen in ihren Kriterien Altersvorschriften, um einen gewissen Qualitätsstandard zu erfüllen. Sie verlangen einen bestimmten Anteil an Neuanlagen. Eine Neuanlage ist eine Anlage, welche nicht älter als maximal sechs Jahre ist. Durch diese Unterscheidung bewirkt der Markt, dass durch den Grünstrombezug permanent neue Anlagen ans Netz gehen, da auch nach mehr als sechs Jahren das Kriterium „Neuanlage" noch erfüllt sein muss. Das Kriterium fördert somit den Bau neuer regenerativer Anlagen. Bei Altanlagen wird der Grünstrom aus Anlagen bezogen, welche bereits viele Jahre, oft Jahrzehnte, stehen und einspeisen. Zwar bezieht das Kundenunternehmen „sauberen" Strom, jedoch unterstützt es nicht den Neubau von Anlagen. Möchte das Unternehmen aktiv damit werben, den gesellschaftlichen Umbau hin zu einer nachhaltigen Stromversorgung zu fördern, gehört zu einer entsprechenden Beschaffungsstrategie ein Grünstrommix, der Neuanlagen integriert. Der Vorteil vom Bezug aus Neuanlagen ist der stärkere Beitrag zur Energiewende in Europa, der dadurch geleistet wird. Je nachdem, wie bedeutend diese Nachhaltigkeitsstrategie in der Unternehmenspolitik verankert ist, muss der Kunde einen entsprechenden Grünstrombezug über Neuanlagen berücksichtigen.

Praxisbeispiel: Unterstützung der Energiewende

Kundenunternehmen A betreibt ökologische Landwirtschaft und Verkaufstheken in Biosupermärkten. Es möchte mit dem Slogan werben „Wir unterstützen die Energiewende". Um diesen Slogan auch im Stromeinkauf gerecht zu werden, plant es den Bezug von Grünstrom. Im Gespräch mit dem Kundenbetreuer seines Stromlieferanten informiert sich das Unternehmen über die Zusammenhänge des Grünstrombezugs aus Alt- und Neuanlagen. Es entscheidet sich für den Bezug von Grünstrom aus Neuanlagen, obwohl der Preis deutlich über dem Standard-Grünstromangebot des Bestandslieferanten liegt. Die Lieferurkunde des Bezugs aus Neuanlagen legt es in seinen Verkaufsräumen aus und informiert seine Mitarbeiter über die Zusammenhänge des Grünstrombezugs. Viele Kunden der Biomärkte sprechen das Verkaufspersonal auf die Lieferurkunden an und erhalten vom Verkaufspersonal Hintergrundinformationen über den bezogenen Grünstrom.

Für Branchen, in denen eine starke Markenbildung wichtig ist (z. B. Einzelhandel) ist dies von erheblicher Bedeutung. Der Nachteil eines Grünstrombezugs aus Neuanlagen liegt in den deutlich höheren Preisen. Altanlagen speisen teilweise bereits seit Jahrzehnten grünen, CO_2-freien Strom in die Netze ein. Für viele Kundenunternehmen steht im Fokus, den eigenen CO_2-Ausstoß zu reduzieren und damit werben zu können, grünen Strom zu beziehen. In diesem Fall ist der Bezug aus Altanlagen vollkommen ausreichend. Eine direkte Unterstützung des Neubaus von Anlagen und damit eine Weiterentwicklung der Energiewende erfolgt nicht. Das Kundenunternehmen stiftet keinen zusätzlichen Umweltnutzen. Doch kann das Unternehmen der Öffentlichkeit kommunizieren, dass es CO_2-freien Strom bezieht.

Praxisbeispiel: Bezug von Co2-freiem Strom

Kundenunternehmen A baut in zwei Produktionsstandorten Öfen für Privatimmobilien und verkauft diese in eigenen Verkaufsstudios. Nach einem Gespräch mit dem Marketingverantwortlichen möchte die Geschäftsführung damit werben, dass die Öfen mit Co2-freiem Strom produziert werden. In diesem Fall ist der Ökostrombezug aus Altanlagen für A ausreichend. A kann die Mehrkosten für den Bezug aus Neuanlagen sparen, da dem eigenen Marketinganspruch auch der Bezug aus Altanlagen genügt.

Die meisten Labelprodukte kombinieren Neu- und Altanlagen in bestimmen prozentualen Anteilen. Beschafft das Kundenunternehmen seinen Grünstrom individuell, muss es sich selbst um die Spezifikation kümmern. Auch bei diesen Produkten sind bei vielen Stromanbietern Mindestabnahmemengen zu beachten.

Ausschreibung von Grünstrom

Die Kriterien des gewünschten Grünstroms sollten in einer Ausschreibung genau formuliert sein. Je ungenauer die Ausschreibungsspezifikation, desto schwerer wird es sein, die eingehenden Angebote zu vergleichen. Entsprechend schwer vergleichbar sind auch die angebotenen Preise. Die Gefahr besteht, dass das Kundenunternehmen Grünstromangebote preislich vergleicht, die verschiedene Kriterien beinhalten und damit nicht vergleichbar sind. Im Zweifel ist es deutlich schwerer für den Ausschreibenden, zu prüfen, ob das angebotene Produkt tatsächlich den gewünschten Ansprüchen genügt. Wie in der allgemeinen Ausschreibung gilt der Satz „je detaillierter die Ausschreibungsvorbereitung, desto leichter und verlässlicher ist die Auswertung" (Kap. 6). Im Zweifel sollte das Kundenunternehmen mit seinem Bestandslieferanten und anderen Anbietern sprechen, welche Produkte für das Abnahmeportfolio möglich sind. Die Ausschreibung eines Labelproduktes kann hierbei eine praktikable Lösung sein. Das Kundenunternehmen sollte sich von den Anbietern immer die genaue Zusammensetzung und die Merkmale des von ihm angebotenen Produktes erklären lassen. Danach ist zu prüfen, ob es sich um ein Grünstromprodukt handelt, das in die Unternehmenspolitik passt.

Exkurs: Die Maximierung der Marketingwirkung des Grünstrombezugs

Für viele Unternehmen, auch aus dem Mittelstand, steht bei der Beschaffung von Grünstrom der Reputationsaspekt im Vordergrund. Es gilt dabei der allgemeine Grundsatz: „Tue Gutes und spreche darüber." Wenn sich ein Unternehmen aus entsprechenden Gründen für den Grünstrombezug entscheidet, sollte es dies auch wirksam und angemessen kommunizieren. Kunden, Lieferanten, Mitarbeiter und die Öffentlichkeit sind Adressaten dieser Information.

Viele mittlere und kleine Unternehmen haben nicht die spezialisierten Marketingkapazitäten beziehungsweise Budgets, um entsprechend zielgerichtete Kampagnen vorzubereiten. Einfache Instrumente mit großer Wirkung sind Buttons auf der Homepage. Auch können in Betriebsstätten, in zum Beispiel Kantine oder Aufenthaltsraum, entsprechende Lieferurkunden aufgehängt werden. Ein Unternehmen, welches regional fest verankert ist, könnte eine entsprechend vorbereitete Pressemitteilung an die Lokalzeitung versenden. Es ist der Kreativität des Einzelunternehmens überlassen, den Grünstrombezug angemessen für die Unternehmensziele zu nutzen. Innovative Anbieter bieten ihren Grünstromabnehmern entsprechende Unterstützung in Form von Vorlagen für Pressemitteilungen, Bildmaterial oder Internetbannern an.

Die Grünstrombeschaffung ist ein interessantes Instrument, um einer gesellschaftlichen Verantwortung gerecht zu werden und gleichzeitig die eigenen Reputationsziele zu erreichen. Der Markt für Grünstrom bietet viele Möglichkeiten, um individuelle Unternehmensziele zu berücksichtigen. Ein authentisches Nachhaltigkeitskonzept gewinnt für die Kundenbindung stetig an Bedeutung.

Die weichen Faktoren der Strombeschaffung

5

Die ganzheitliche Strombeschaffungsstrategie eines Unternehmens muss über die Preisfindung hinaus alle Aspekte berücksichtigen, die mit der Strombeschaffung zusammenhängen. Dies beinhaltet auch administrative Aspekte, zum Beispiel Abrechnungsmanagement oder internes Kosten-Reporting beziehungsweise Budgetierungsverfahren. Es gibt eine Reihe von Faktoren, welche bei der Wahl des richtigen Stromversorgers neben dem Strompreis zu beachten sind. Jeder dieser „weichen Faktoren" der Strombeschaffung hat für unterschiedliche Unternehmen eine andere Gewichtung. Doch sollten sie alle im Auswahlprozess um den passenden Stromlieferanten Berücksichtigung finden.

Die Praxis zeigt, dass sich bei der Auswahl eines passenden Stromanbieters viele Unternehmen einseitig auf den Faktor Preis konzentrieren. Selbstverständlich ist dies ein wichtiger, in den meisten Fällen auch der wichtigste Entscheidungsfaktor. Doch vergessen viele Unternehmen dabei, dass es oftmals die weichen Faktoren der Strombeschaffung sind, die eigene Kapazitäten binden. Dies kann vor allem für mittelständische Unternehmen eine nicht unerhebliche Kostenbelastung mit sich bringen. Neben dem reinen Preis, den der Stromanbieter für die Lieferung verlangt, sind es die angebotenen Strombeschaffungsmodelle (Festpreis, strukturierte Beschaffung, Spotmarkteinbeziehung), deren Umsetzung und die Serviceleistungen, die erheblichen Einfluss auf die Gesamtkosten haben. Die Praxis zeigt, dass die Wahl des passenden Beschaffungsmodells langfristig für den Gesamterfolg wichtiger ist als das vom Energieversorger verlangte Dienstleistungsentgelt. Im Sinne einer ganzheitlichen Betrachtung muss das Kundenunternehmen für eine qualifizierte Entscheidung auch die weichen Faktoren, die Serviceleistungen, berücksichtigen. Die Erfahrung vieler Kundenunternehmen zeigt, dass das angebo-

© Springer Fachmedien Wiesbaden 2015
I. Schumacher, P. Würfel, *Strategien zur Strombeschaffung in Unternehmen*,
DOI 10.1007/978-3-658-07422-7_5

tene Dienstleistungsspektrum der Anbieter, sowohl was die Dienstleistungspalette als auch die Dienstleistungsqualität betrifft, stark variiert. Der folgende Abschnitt beschreibt diese „weichen Faktoren" der Strombeschaffung. Die Dienstleistungsbereiche umfassen:

- das Wechselmanagement
- das Abrechnungsmanagement
- die Reporting-Dienstleistungen
- das Vertragsmanagement
- die Organisation der Kundenbetreuung

5.1   Das Wechselmanagement

Mit Wechselmanagement ist der Lieferantenwechselprozess gemeint. Analysen zeigen, dass 80 % aller administrativen Probleme in diesem Prozess, das heißt beim Wechsel von einem Bestandslieferanten zu einem Neulieferanten, entstehen. Vier unterschiedliche Akteure sind an diesem Prozess beteiligt: der Altlieferant, der Netzbetreiber, der neue Lieferant und das Kundenunternehmen. Allein daran lässt sich erkennen, dass ein erheblicher Abstimmungsbedarf besteht. Es gibt standardisierte Prozessdefinitionen seitens der staatlichen Bundesnetzagentur, dem sogenannten Geschäftsprozess zur Belieferung von Kunden mit Elektrizität (GPKE). Jedoch treten trotz des standardisierten Prozesses regelmäßig administrative Klärfälle auf. Dies ist vor allem für Unternehmen mit mehreren Abnahmestellen immer wieder mit zusätzlichem Aufwand verbunden. Der notwendige Abstimmungsbedarf bindet interne Kapazitäten und verursacht zusätzliche Kosten. In aller Regel bieten seriöse Stromlieferanten das Wechselmanagement als Serviceleistung kostenfrei mit an. Der neue Lieferant kündigt die Lieferstellen beim Bestandslieferanten und kommuniziert dem Netzbetreiber den Lieferantenwechsel. Dieser Wechsel läuft im Idealfall standardisiert ab, ohne dass die Mitwirkung des Kundenunternehmens erforderlich ist. Entsprechende Vollmachten kann der Kunde bei der Vertragsunterzeichnung unterschreiben. Doch oft entsteht zusätzlicher Abstimmungsbedarf. Die Gründe dafür sind unter anderem eine fehlerhafte Datenlage oder schlecht laufende Prozesse aufseiten des Neulieferanten beziehungsweise des Netzbetreibers. Vor allem für Kundenunternehmen mit mehreren Abnahmestellen ist es wichtig, sich für einen Stromlieferanten zu entscheiden, der Erfahrung mit komplexen Wechselprozessen hat. Im Vorfeld ist dies nur schwer abzuschätzen. Alle Anbieter berufen sich auf eine gute Servicequalität, um ihre Chancen am Markt zu erhöhen. Deshalb sollten sich Kundenunternehmen durch eine Übersicht mit vergleichbaren Referenzkunden absichern. Mit dieser Übersicht lässt sich einfach feststellen, ob eine entsprechende Prozesserfahrung beim potenziellen Stromlieferanten vorliegt. Vor allem sollte diese Prüfung bei den sehr günstigen Stromanbietern erfolgen. Nicht selten geht ein günstiger Preis zulasten der Dienstleistungsqualität. Schnell können sich günstige Preise vor dem Hintergrund eines internen Zusatzaufwandes relativieren.

Um entsprechende Probleme soweit als möglich zu vermeiden, kann das Unternehmen durch aktualisiertes Datenmaterial zu einem reibungslosen Wechselprozess beitragen. Kundenunternehmen können Altrechnungen und Listen mit Stammdaten der einzelnen Abnahmestellen vorhalten, um diese dem Neulieferanten zur Verfügung zu stellen. Die letztendliche Verantwortung für einen gut funktionierenden Wechselprozess liegt dadurch beim Neulieferanten.

5.2 Das Abrechnungsmanagement

Ein weiterer qualitativer Aspekt der Strombelieferung ist das Abrechnungsmanagement. Unter Abrechnungsmanagement ist die korrekte, rechtzeitige und transparente Rechnungsstellung seitens des Stromlieferanten zu verstehen. Ähnlich dem Wechselmanagementprozess können Probleme und Auseinandersetzungen erheblichen Mehraufwand aufseiten des Kunden bedeuten. Dies wiegt einen günstigen Strompreis meist wieder auf. Je mehr Abnahmestellen ein Kunde hat, desto anspruchsvoller ist der Abrechnungsmanagementprozess. Wie beim Wechselmanagement werden viele Kundenunternehmen bereits erfahren haben, dass Stromlieferanten bei Verhandlungen betonen, wie einfach der Abrechnungsprozess erfolgen wird. Die Realität nach Vertragsabschluss sieht leider oftmals anders aus. Ein Mehraufwand entsteht oft bei der Rechnungsprüfung beziehungsweise dem Rechnungswesen. Ein sicherer Rechnungsstellungsprozess verlangt beim Stromlieferanten sichere, standardisierte und stringente Prozesse. Auch in diesem Fall gilt, dass eine Referenzkundenliste sinnvoll ist. Sie kann das Risiko senken, sich für einen Anbieter zu entscheiden, der diese Prozesse nicht problemfrei abwickeln kann. Kundenunternehmen können schon im Ausschreibungsprozess erfragen, ob der Stromlieferant den Rechnungsstellungsprozess über einen externen Dienstleister oder hausintern abwickelt. Hausinterne Prozesse sichern im Zweifel eine schnellere Klärung von Reklamationsfällen. Abrechnungsfehler können sich durch falsch abgerechnete Energiepreise, fehlerhafte Mengen oder falsche Preiskomponenten ergeben. Für Unternehmen ist es unzumutbar, einen dauerhaft hohen Prüfaufwand zu leisten, weil der Stromlieferant sein Abrechnungsmanagement nur mangelhaft betreibt. Dies gilt vor allem, wenn viele Abnahmestellen des Kundenunternehmens in unterschiedlichen Netzgebieten liegen. Die Abrechnung des Stromlieferanten muss verlässlich sein, um den Kunden maximal zu unterstützen. Bestehen Zweifel an der Fähigkeit des Anbieters, die Kriterien einer verlässlichen Rechnungsstellung zu erfüllen, ist ein günstiger Preis neu zu bewerten.

Neben der Verlässlichkeit der Abrechnung ist die Flexibilität des Stromlieferanten wichtig, um auf spezielle Wünsche des Kundenunternehmens bei der Rechnungsstellung einzugehen. Unternehmen mit mehreren Abnahmestellen haben oftmals sehr individuelle Abrechnungswünsche. Sie benötigen möglicherweise eine Sammelrechnung für alle Abnahmestellen und parallel eine Übersicht der einzelnen Abnahmestellen. Andere Kunden erwarten dagegen eine Rechnungsstellung an die einzelnen Niederlassungen mit der entsprechenden Firmierung der Einzelstandorte. Kundenorientierte Stromversorger stellen sich auf die Kundenanforderungen ein und bieten die notwendige interne Flexibilität bei allen Prozessen.

Praxisbeispiel: Individuelle Rechnungsstruktur

Kundenunternehmen A betreibt zwölf Fitnessstudios. Jeder Standort ist als eigene Tochtergesellschaft organisiert. A wünscht, dass die Monatsrechnungen aller Standorte an den Hauptsitz geschickt werden, jedoch auch die Firmierung der jeweiligen Tochtergesellschaften beinhalten.

Exkurs: Das E-Billing als Alternative zur klassischen Papierrechnung

Vor dem Gesetz sind alle Rechnungen gleich. Daher spielt es zunächst keine Rolle, ob eine Rechnung als klassische Papierrechnung, als PDF, per Mail oder als Webdownload gestellt wird. Auch die Rechnung per Fax ist zulässig. Für Kundenunternehmen bietet die papierlose, elektronische Rechnungsstellung (E-Billing) Vorteile, um den administrativen Workflow zu reduzieren und eigene Kapazitäten zu entlasten. Doch sind einige Regeln zu beachten. Es gelten auch weiterhin die gesetzlichen Aufbewahrungspflichten. Ein einfacher Ausdruck genügt dieser gesetzlichen Notwendigkeit nicht. Die Rechnung muss im Originalformat abgelegt werden. Die Abgabenordnung schreibt vor, dass ein Unternehmen Rechnungen in einer maschinenlesbaren Version archivieren muss. Einfache digitale Abbilder sind im Sinne der Abgabenordnung nicht ausreichend.

Neben diesen gesetzlichen Pflichten gilt es innerbetriebliche Voraussetzungen zu beachten, um zu beurteilen, ob E-Billing eine passende Alternative zur klassischen Papierrechnung ist. Es muss gewährleistet sein, dass eine Rechnungsprüfung ebenso einfach und effizient durchführbar ist wie bei der klassischen Rechnungsstellung. Ein Arbeitsschritt, der erfordert, elektronische Rechnungen zwecks Rechnungsprüfung auszudrucken, ist unsinnig. In diesem Fall ist die klassische Papierrechnung die bessere Alternative. Dasselbe gilt für die internen Dokumentationsrichtlinien.

Es gibt verschiedene Formen des E-Billing. Die einfachste Form stellt die Rechnungsstellung per PDF-Dokument dar. Der Kunde erhält die bisher üblichen Papierrechnungen nun als PDF-Dokument. Bei dieser Lösung darf es aufseiten des Kunden keine komplizierten IT-Systemvoraussetzungen geben. Eine Umstellung kann zudem relativ schnell (in zwei bis drei Tagen) erfolgen. Eine weitere Möglichkeit ist die Rechnungsstellung als XML-Datei. Diese Datei sendet der Lieferant an die Mail-Adresse des Kunden, der sie in sein System (z. B. SAP) einliest. Der Vorteil ist, dass der komplette Workflow automatisiert erfolgen kann. Doch verlangt eine Rechnungsstellung mit der XML-Datei gewisse Schnittstellen aufseiten des Kunden. Der Umstellungsprozess dauert daher in der Regel länger (zwei bis drei Wochen).

Ein serviceorientierter Energieversorger berät das Kundenunternehmen bei der Umstellung und steht seinen Kunden während des Umstellungsprozesses beratend zur Seite. Eine Alternative im Einführungsprozess ist ein paralleler Umstellungsprozess. Für eine gewisse Übergangsphase erfolgt eine klassische Papierrechnungsstellung und parallel dazu die Versendung per PDF. Bei der Entscheidung für das E-Billing ist es wichtig, die Mitarbeiter der betroffenen Abteilungen (Buchhaltung und Rechnungswesen) einzubeziehen. Diese Mitarbeiter können die vorgeschlagenen Modelle auf ihre praktische Umsetzbarkeit bewerten. Die diversen angebotenen Modelle unterscheiden sich je nach Anbieter, manche bieten nur das einfache PDF-Format als Lösung an. Je nach Angebot ist die elektronische Rechnungsstellung auch mit einem erhöhten Serviceentgelt verbunden. Das Kundenunternehmen muss die betreffenden Angebote mit den eigenen Notwendigkeiten abgleichen, um zu einer zweckmäßigen Bewertung zu gelangen. Auch ist zu prüfen, ob alle Rechnungsformen elektronisch dargestellt werden können. Mögliche Rechnungsarten können sein:

- Turnus – Einzelrechnungen
- Turnus – Schlussrechnungen
- Monatsrechnungen (bei monatlicher Rechnungsstellung)
- Sammelrechnungen
- Mehrspartenrechnungen

Vereinzelt bieten Stromlieferanten die elektronische Rechnungsstellung nur für bestimmte Rechnungsarten an.

Erachtet das Kundenunternehmen eine elektronische Rechnungsabwicklung als sinnvoll, sollte das gewünschte Modell bereits in einer Stromausschreibung klar definiert werden.

5.3   Die Reporting-Dienstleistungen

Die Reporting-Dienstleistungen der Stromlieferanten haben in den letzten Jahren erheblich an Bedeutung gewonnen. Steigende Steuern, Abgaben und Umlagen haben bei vielen Kunden zu steigenden Stromkosten geführt. Der Stromverbrauch ist deshalb auch bei den Unternehmen in den Fokus geraten, die bisher weniger auf diesen Kostenbestandteil geachtet haben.

Die Grundlage für eine Verbrauchsreduzierung ist Transparenz über das Verbrauchsverhalten der eigenen Abnahmestellen. Die Grundlage für Transparenz des eigenen Energie- beziehungsweise Stromportfolios kann ein Reporting-System sein. Es bietet dem Unternehmen einen möglichst schnellen, vollständigen und übersichtlichen Zugriff auf alle relevanten Verbrauchsdaten. Viele

Energieversorger haben sich auf dieses Kundenbedürfnis mit der Entwicklung von eigenen Reporting-Instrumenten, beziehungsweise Dienstleistungen eingestellt. Die Bandbreite der Angebote und deren Funktionalitäten sind sehr unterschiedlich. Oft nutzen Großkonzerne eigene Report- beziehungsweise Energiemanagementsysteme, die es ermöglichen, Stromkosten sowie relevante Kennzahlen in Echtzeit präsent zu haben. Kleinere und mittelständische Unternehmen sind oftmals darauf angewiesen, diese relevanten Daten von ihrem Stromversorger zu erhalten.

Nicht zuletzt der harte Wettbewerb am Energiemarkt hat die Energieversorger dazu veranlasst, solche Zusatzdienstleistungen als ein wesentliches Differenzierungsmerkmal zu anderen Wettbewerbern zu entwickeln und den Kunden anzubieten. Jeder serviceorientierte Stromversorger bietet entsprechende Reporting- beziehungsweise Energiemanagementsysteme an. Die Leistungsfähigkeit dieser Systeme unterscheidet sich dabei von Anbieter zu Anbieter. Aus Sicht eines Unternehmens sollten diese Systeme folgende Kernfunktionen enthalten:

- Stammdatenpflege
- Beschaffungs-Reporting
- Verbrauchs-Reporting
- Marktinformation

5.3.1 Stammdatenpflege

Vor allem mittelständische Unternehmen sind darauf angewiesen, dass die administrative Abwicklung der Stromlieferung schnell und ohne große eigene Kapazitätsbindung erfolgt. Dafür bedarf es einer genauen Stammdatenpflege. Das heißt, dass der verantwortliche Mitarbeiter über ein Onlinesystem Stammdaten (z. B. Zählernummer, Firmierung, An- oder Abmeldedatum) einsehen und pflegen kann. Idealerweise kann er sich auch Übersichtslisten der eigenen Abnahmestellen erstellen. Gerade für Kundenunternehmen mit mehreren Abnahmestellen ist dies aus Transparenzgründen von großem Vorteil. Vor allem beim Anmeldeprozess kann das Unternehmen mit dieser Funktion den Anmeldestatus jedes Standortes nachvollziehen. Das System des Stromlieferanten kann als Grundlage für eigene Auswertungen verwendet werden. Von großem Nutzen sind Funktionen, welche es dem Kundenunternehmen erlauben, automatisiert über das System neue Lieferstellen an- beziehungsweise aktive Lieferstellen abzumelden. Dieser automatisierte Workflow erleichtert den Prozess erheblich.

5.3.2   Beschaffungs-Reporting

Für Kunden mit einer strukturierten Beschaffung ist die Funktionalität des Beschaffungs-Reportings ein weiterer wichtiger Baustein eines Reporting-Tools. Der finale Energiepreis bildet sich beim strukturierten Beschaffungsmodell erst über einen definierten Beschaffungszeitraum. Das Kundenunternehmen muss die Möglichkeit haben, die unterschiedlichen Mengen beziehungsweise Einkaufszeitpunkte und die Preise der Teilmengeneinkäufe transparent nachvollziehen zu können. Dies ist eine Grundvoraussetzung für eine transparente Preisbildung durch den Stromlieferanten. Nur mit dieser Serviceleistung können Kundenunternehmen nachvollziehen, ob der Stromlieferant die abgestimmte Beschaffungsstrategie tatsächlich umsetzt. Auch gibt es im Rahmen der Unternehmenssteuerung in vielen Unternehmen sogenannte Forecast-Richtlinien. Deshalb ist es notwendig, einen Überblick darüber zu haben, mit welchen finalen Strompreisen gerechnet werden kann.

Noch wichtiger ist ein Beschaffungs-Reporting für Unternehmen, die über eine individuelle strukturierte Beschaffung Strom einkaufen. Das System muss prozentuale Eindeckungsgrade und die Zusammensetzung der bisher beschafften Mengen ausweisen können. Diese Informationen in Kombination mit den Einschätzungen der Großhandelspreise sind die Grundlage für die Entscheidung, weitere Strommengen zu beschaffen. Gute Reporting-Systeme bieten dem Kunden die Möglichkeit der Beschaffungssimulation. Damit kann der Kunde simulieren, wie sich der Mischpreis einer spezifischen Lieferperiode verändert, wenn er zu aktuellen oder bestimmten Großhandelspreisen beschaffen würde. Je größer die eigene Verbrauchsmenge, desto hilfreicher ist diese Funktionalität.

Praxisbeispiel: Beschaffungs-Reporting im Planungsprozess

Kundenunternehmen A ist ein Betonhersteller mit 14 Standorten und einem Gesamtjahresverbrauch von etwa 18 GWh. Er hat eine individuelle Tranchenbeschaffung als Beschaffungsmodell gewählt, welche er über den Stromlieferanten B abwickelt. Mit diesem ist vereinbart, dass A selbst über die Beschaffungszeitpunkte entscheidet. Die Information über Menge und Zeitpunkt des jeweiligen Teilmengeneinkaufes leitet er an seinen Kundenbetreuer telefonisch und per Mail weiter. Dieser bestätigt A die Konditionen und stellt die Daten in das Online-Reporting-Tool. Die Werkslleiter aller Produktionsstandorte haben Zugriff auf dieses Online-Tool und können jederzeit sehen, wie sich die Stromkosten für die jeweiligen Lieferjahre entwickeln. Dies hilft ihnen bei ihrem strategischen mehrjährigen Forecast-Prozess.

5.3.3 Verbrauchs-Reporting

Unabhängig vom jeweiligen Beschaffungsmodell ist das Verbrauchs-Reporting ein wichtiges Element des vom Energieversorger zur Verfügung gestellten Reporting-Tools. Es ist das Herzstück eines jeden Energiemanagementsystems. Mit dem Verbrauchs-Reporting kann das Kundenunternehmen die Verbrauchsdaten einer jeden Abnahmestelle möglichst aktuell abrufen. Der Kunde hat die Möglichkeit, aktuelle Lastgänge zu analysieren beziehungsweise diese zu „downloaden". Mit bestimmten Verbrauchs-Reporting-Tools kann der Kunde Lastgänge für unterschiedliche Lieferzeiträume analysieren und Quervergleiche zwischen verschiedenen Standorten erstellen. Diese Funktion ist die Grundlage für ein qualitativ hochwertiges Energiecontrolling im Rahmen eines ganzheitlichen Controllingsystems. Es hilft, den IST- mit dem SOLL-Verbrauch zu vergleichen und bei Fehlentwicklungen frühzeitig gegenzusteuern. Interessant ist der Vergleich gleichartiger Abnahmestellen. Bei verschiedenen Standorten lassen sich mit einem modernen Reporting-Tool einfache Energiekostenvergleiche durchführen und etwaige unnötige Energiekosten bei abweichenden Verbräuchen identifizieren.

5.3.4 Marktinformation

In Abhängigkeit von Stromkostenanteil an den Gesamtkosten und der Beschaffungsstrategie ist ein Unternehmen von den Marktentwicklungen auf dem Strombeziehungsweise Energiemarkt mehr oder weniger abhängig. Ein Reporting-Tool ist eine ideale Plattform, um dem Kunden Marktinformationen zur Verfügung zu stellen. Diese Marktinformationen können Einschätzungen zu Preisentwicklungen oder Kommentare zu aktuellen politischen oder volkswirtschaftlichen Geschehnissen mit Rückwirkungen auf die Energiepreise sein. Der Energieversorger lässt über diese Plattform das Kundenunternehmen an seinem Know-how und seiner Erfahrung teilhaben. Unternehmen, die keine eigenen Analysen der Strommärkte erstellen können, erhalten dadurch einen wichtigen Mehrwert von ihrem Stromlieferanten.

In den meisten Fällen stellen Stromversorger ihren Kundenunternehmen ein Reporting-Tool ohne Zusatzkosten zur Verfügung. Es ist oftmals als Zusatzdienstleistung im Strompreis inbegriffen. Jedes Kundenunternehmen sollte seine potenziellen Lieferanten auf diese Dienstleistung ansprechen. Wie bei anderen weichen Faktoren der Strombeschaffung ist ein Online-Reporting-Tool ein Qualitätsausweis des Stromanbieters, der in die Auswahl einfließen sollte. Die Gewichtung dieses Faktors im Rahmen der Entscheidung hängt davon ab, welche Bedeutung der Stromeinkauf für den Unternehmenserfolg hat. Ist die Bedeutung groß, sollte das Kundenunternehmen ein entsprechendes Tool in die Stromausschreibung aufnehmen. Ein Stromlieferangebot ohne entsprechende Dienstleistung entspricht in diesem Fall nicht den Ausschreibungskriterien. Sofern Strom und Gas von einem Energielieferanten bezogen werden, ist es von Vorteil, wenn das verfügbare Reporting-Tool Zugriff auf die gesamten Daten des Strom- und Gasportfolios ermöglicht. Das reduziert den internen Aufwand, da nur mit einem System gearbeitet werden muss.

5.4 Das Vertragsmanagement

Ein weiterer „weicher" Faktor des Stromeinkaufs ist das Vertragsmanagement. Je nachdem, wie viele Standorte beliefert werden sollen beziehungsweise wie die Rechtsbeziehungen der einzelnen Betriebsstätten untereinander sind, kommt dem Vertragsmanagement eine wichtige Bedeutung zu.

Exkurs: Die Gründe für einen Bündel- oder Einzelvertrag

Kunden mit mehreren Abnahmestellen, die gegebenenfalls überregional disloziert sind, stellen sich beim Vertragsmanagement beziehungsweise der allgemeinen Strombeschaffung besondere Herausforderungen. Die grundlegendste Frage ist, ob sich das Kundenunternehmen für einen Bündelvertrag oder Einzelverträge für die jeweiligen Standorte entscheiden soll. Ein Bündelvertrag bedeutet, dass alle Standorte von einem Lieferanten beliefert werden und in der Regel einen einheitlichen Strompreis erhalten. Beide Aspekte bedeuten für ein Unternehmen eine erhebliche administrative Erleichterung. Ein „Bündellieferant" bedeutet eine einheitliche Rechnungsstruktur, einen Ansprechpartner für Klärfragen und ein Vertragswerk für das gesamte Stromportfolio. Zusätzlich kann das Unternehmen durch eine Bündelung möglicherweise einzelne Standorte aus der Tarifstruktur herauslösen und über einen Sondervertrag beliefern lassen. Dies ist in der Regel vorteilhafter.

Jedoch kann es auch Konstellationen geben, bei denen Einzelverträge sinnvoller sind. So gibt es Branchen, welche sehr stark mit der Region ihres Sitzes verbunden sind. Dies gilt oftmals für Autohäuser oder gastronomische Betriebe. Aus Marketinggründen kann es sinnvoll sein, die jeweiligen Standorte von einem regionalen Stromversorger beliefern zu lassen. Nicht zuletzt können aus solchen regionalen Kooperationen Gegengeschäfte oder Kooperationen entstehen.

Praxisbeispiel: Zusammenarbeit mit dem lokalen Versorger

Kundenunternehmen A ist Autohändler und betreibt in einer mittelgroßen Stadt eines der größten Autohäuser der Region. Eine der größten Firmen der Stadt ist das Stadtwerk B. Obwohl A von anderen Stromlieferanten immer wieder deutlich günstigere Stromlieferangebote erhält, bezieht er seinen Strom weiterhin von B. Der Grund dafür ist, dass B seine Fuhrparkflotte von A bezieht beziehungsweise warten lässt. Das Geschäftsvolumen wiegt die Mehrkosten durch den teureren Strombezug auf. Gleichzeitig kann sich A als Partner von B in der regionalen Wirtschaft positionieren.

Diese Bewertung muss jedes Unternehmen für sich vornehmen. Die Entscheidung, ob Bündelung oder Einzelvertrag, sollte jedoch immer bewusst getroffen werden und auf Basis von unternehmerischen Argumenten. Häufig verbleiben mittelständische Unternehmen mit einzelnen Abnahmestellen in Einzelverträgen oder gar Tarifverträgen. Sie haben diese Thematik oftmals nicht „auf dem Schirm" oder möchten am Status quo nichts ändern.

In den Anfangszeiten der Liberalisierung boten nur spezialisierte Anbieter eine bundesweite Bündelung der Standorte eines Unternehmens an, inzwischen bieten sie aber die meisten Stromversorger. Trotzdem sollte das Kundenunternehmen darauf achten, dass der Lieferant Erfahrung in der Belieferung von sogenannten Bündelkunden hat. Gerade, wenn es häufiger zu An- und Abmeldungen kommt, ist ein erfahrener Lieferant von Vorteil. Er kann mit seiner Erfahrung die unvermeidlich auftretenden Störfälle einer schnellen Klärung zuführen. Diese Erfahrung lässt sich auch beim Faktor Vertragsmanagement am besten durch eine Referenzkundenliste dokumentieren.

Bedeutende vertragliche Aspekte wie Kündigungsfristen, Zahlungsziele, Mengenkorridore etc. sollten gegebenenfalls bereits die Ausschreibungsunterlagen dokumentieren. Dies vermeidet spätere langwierige Nachverhandlungen. Eine Aufzählung der einzelnen Abnahmestellen sowie Regelungen für die An- und Abmeldungen neuer Standorte sind dabei selbstverständlich. Sie vermeiden spätere Missverständnisse. Auch sollte der Vertrag das Beschaffungsprodukt beziehungsweise die Beschaffungsstrategie so präzise wie möglich definieren. Im Fall späterer Streitigkeiten sind klare Definitionen dieser zum Teil sehr komplexen Zusammenhänge hilfreich, um eine rasche Klärung zu erzielen. Im Zweifel sollte die Rechtsabteilung beziehungsweise die Rechtsberatung des Unternehmens direkt in die Vertragsverhandlung eingebunden werden.

5.5 Die Organisation der Kundenbetreuung

Ein entscheidendes Qualitätsmerkmal von Stromversorgern ist die Organisation ihrer Kundenbetreuung. In der Vergangenheit war die sichere und möglichst günstige Belieferung mit Strom die wichtigste Dienstleistung eines Stromversorgers. In der Gegenwart der neuen Energiewelt, in Zeiten der Marktliberalisierung und der Energiewende ändern sich die Rahmenbedingungen stetig. Es bedarf dienstleistungsorientierter Stromversorger, um Kundenunternehmen sicher durch diese Zeiten der Veränderung am Strommarkt zu lotsen. Die Grundlage eines guten Kundenservice ist kundenorientierte persönliche Betreuung. Das Kundenunternehmen muss persönlich benannte Ansprechpartner seines Stromversorgers für alle Rückfragen zur Verfügung haben. Eine Callcenter-Betreuung mit anonymen Ansprechpartnern ist für einen Sondervertragskunden nicht zu akzeptieren. Im Idealfall gibt es einen Kundenbetreuer, der als Schnittstelle zum Stromversorger fungiert. Auch eine doppelstufige Betreuungsform kann zweckmäßig sein. Dabei hat das Kundenunternehmen einen Ansprechpartner für vertragliche und energiewirtschaftliche Aspekte und einen weiteren für administrative Themen wie An- und Abmeldungen oder Rechnungsstellung. Kundenunternehmen ist daher zu empfehlen, bereits in der Ausschreibung die Anforderung eines persönlichen Ansprechpartners zu formulieren. Auch in diesem Falle gilt die Aussage, dass ein günstiger Strompreis ohne serviceorientierte Betreuung zu überraschend hohen Kosten führen kann.

Exkurs: Die Bedeutung des Empfehlungsmanagements und der Marktinformation

Kundenorientierte Energieversorger bieten ihren Kunden ein proaktives Empfehlungs- beziehungsweise Informationsmanagement an. Proaktiv bedeutet, dass der Stromlieferant nicht darauf wartet, befragt zu werden. Der Stromversorger analysiert selbstständig, welche Änderungen von Rahmenbedingungen des Strommarktes Auswirkungen auf ein Kundenunternehmen haben und informiert entsprechend seine Kundenunternehmen. Für kleinere und mittlere Unternehmen ist ein gut organisiertes Empfehlungsmanagementsystem betriebswirtschaftlich wertvoll. Sie können nicht permanent Entwicklungen im gesetzgeberischen oder regulatorischen Bereich des Strommarktes beobachten. Der Kunde ist auf die proaktiven Informationen seitens seines Stromversorgers angewiesen. Besonders wichtig ist ein Empfehlungsmanagement für Kundenunternehmen mit individueller Tranchenbeschaffung. Dadurch kann das Unternehmen die Entscheidung darüber, welche Strommengen zu welchem Zeitpunkt und zu welchem Preis eingekauft werden, auf eine qualitative Basis stellen. Der Stromversorger ist näher an den Entwicklungen der Großhandelsmärkte. Er betreibt in aller Regel Handelsabteilungen, welche sich ausschließlich mit der Analyse der Märkte befassen. Auch sind regelmäßige Einschätzungen über Entwicklung von Netzentgelten, Umlagen, Steuern oder Abgaben hilfreich, um den eigenen Budgetierungsprozess zu optimieren.

Praxisbeispiel: Marktinformation im Budgetierungsprozess

A ist Stromkunde des Energieversorgers B. Jedes Jahr im Oktober nach Bekanntgabe der für das Folgejahr gültigen Abgaben und Umlagen informiert der zuständige Kundenbetreuer die verantwortlichen Mitarbeiter von A in einem persönlichen Kundenbesuch über die Veränderungen. Daneben informiert er über Entlastungs- und Privilegierungstatbestände. Die Mitarbeiter informieren auf Basis dieser Informationen wiederum die Geschäftsleitung von A, welche die Daten im Budgetierungsprozess berücksichtigt.

Entscheidend für die Realisierung eines effektiven Empfehlungsmanagements ist eine persönliche Kundenbetreuung. Nur dadurch kann der Stromversorger prüfen, welche Entwicklungen für das jeweilige Kundenunternehmen von Relevanz sind. Praktische Beispiele für ein effektives Empfehlungsmanagement sind:

- Erstellung von Prognosewirtschaftsplänen
- Beschaffungsempfehlungen für Kunden mit strukturierter Beschaffung
- Jährliches Update der prognostizierten Entwicklungen von Steuern und Abgaben
- Lastganganalysen
- Information über Steuern und Abgaben
- Information über Großhandelspreisentwicklungen

Effektive Servicedienstleistungen von Stromversorgern können die Gesamtkosten eines Stromportfolios senken. Sie sind deshalb für Kundenunternehmen neben dem Preis ein wichtiger Faktor für die Entscheidung zur Auswahl des geeigneten Stromlieferanten. Ein Unternehmen muss im Einzelfall entscheiden, ob es bereit ist, für die Serviceleistungen einen höheren Strompreis zu bezahlen. Eine einseitige Fokussierung auf den Netto-Strompreis ist aufgrund der Komplexität einer effizienten Strombeschaffung eine zu enge Sichtweise. Vor diesem Hintergrund müssen entsprechende Serviceleistungen von Stromlieferanten im Rahmen einer ganzheitlichen Strombeschaffungsstrategie angemessen bewertet werden.

Das Outsourcen der Strombeschaffung

6

Das Outsourcen der Strombeschaffung ist die gesamte oder teilweise Verlagerung der Beschaffung aus dem Unternehmen an einen externen Dienstleister. Das Gegenteil von Outsourcing ist das Insourcing. In diesem Fall verlagert das Unternehmen die einmal ausgelagerte Strombeschaffung wieder in das eigene Unternehmen zurück. Gerade mittelständische Unternehmen stehen in der Regel vor der Herausforderung knapper personeller Ressourcen und einem begrenzten Fachwissen über den Strommarkt. Vor diesem Hintergrund ist die Option des Outsourcings eine sinnvolle Alternative, um das eigene Stromportfolio ohne Bindung eigener Kapazitäten zu optimieren. Im umgekehrten Fall, dem Insourcing, kann nach dem Aufbau von Ressourcen und Know-how der Beschaffungsprozess zurück in das Unternehmen verlagert werden. Dieses Kapitel erläutert die Argumente, die relevant sind, um eine fundierte Entscheidung für das Out- oder Insourcing zu treffen.

6.1 Der Markt für Energieberater

Der Begriff Energieberater ist in Deutschland nicht geschützt. Oft werden Definitionen benutzt, die unterschiedliche Dienstleistungen und Kompetenzen umfassen. Aus diesem Grund ist es schwierig, sich einen genauen Marktüberblick zu verschaffen. In vielen Marktübersichten sind auch Gebäudesachverständige oder Energieeinsparberater für Privathaushalte enthalten. Branchentechnisch ist dies durchaus richtig, doch ist im Sinne dieses Kapitels eine engere Definition notwendig.

© Springer Fachmedien Wiesbaden 2015
I. Schumacher, P. Würfel, *Strategien zur Strombeschaffung in Unternehmen*,
DOI 10.1007/978-3-658-07422-7_6

Gemeint sind die Energieberatungsunternehmen, die Unternehmen in ihrem Energiemanagement beratend zur Seite stehen. Diese Energiemanagementdienstleistungen unterscheiden sich in zwei Kerndienstleistungen:

- technische Energieberatung
- kaufmännische Energieberatung

Mit technischer Energieberatung ist die Energieeffizienzberatung gemeint. Sie umfasst die Bereiche Gebäudetechnik, Contracting, Heizungstechnik, Beleuchtungstechnik etc. Gegenstand dieses Kapitels ist die kaufmännische Energieberatung. Sie beinhaltet die Themen Energieeinkauf, Abwicklung und gegebenenfalls rechtliche und prozessuale Beratung. Häufig bieten Anbieter die technische und die kaufmännische Beratung an.

Bezogen auf Unternehmensstruktur und Größe ist der Markt der Energieberater sehr heterogen. Es gibt viele kleine Anbieter, die häufig nur ein oder zwei Mitarbeiter haben. Daneben gibt es mittelständische Energieberatungsunternehmen. Oftmals sind es Ingenieursdienstleister, die sich auf die Beratung im Energiebereich spezialisiert haben. Viele Konzerne haben eigene interne Organisationseinheiten für die Energieberatung aufgebaut. Die großen Wirtschaftsprüfungsgesellschaften sind ebenfalls im Markt für kaufmännische Energieberatung tätig. Diese Dienstleistung ist sehr eng mit ihrer Kernberatungsdienstleistung im steuerlichen und strategischen Bereich verbunden.

Die klassischen Energieversorger sind im Laufe der letzten Jahre ebenfalls in die Energieberatung eingestiegen. Alle großen Energiekonzerne, die großen Regionalversorger und viele Stadtwerke haben entsprechende Beratungskapazitäten entwickelt oder sind durch Zukäufe in diesem Markt aktiv.

Auf den ersten Blick scheint diese Strategie der Energieversorger widersprüchlich zu sein. Verdienen sie doch Geld mit dem Absatz von Strom. In aller Regel ist ein höherer Absatz mit einem höheren Gewinn verbunden. Energieberater verdienen aber ihr Geld mit der Realisierung von Einsparpotenzialen bei ihren Kundenunternehmen, also auch der Reduktion des Verbrauchs. Es ist ein Kernelement der Energiedienstleistung, die Beratung unabhängig vom Stromlieferanten zu leisten. Das führt zu der Frage der Unabhängigkeit der Beratung, wenn Energieberatung und Stromlieferung vom gleichen Energieunternehmen erbracht werden.

Den meisten Energieversorgern ist dieser Spagat sehr gut gelungen. In Bereichen, in denen Kooperationen mit einem externen Partner zum Vorteil des Kundenunternehmens sinnvoll sind, werden diese genutzt. Die klassische Energiewirtschaft hat mit der Dienstleistung Energieberatung die eigene Wertschöpfung und das eigene Dienstleistungsspektrum erweitert. Sie möchte sich als Allround-

Dienstleister zum Thema Energie am Markt positionieren. Das hat den Vorteil, sehr nah am Kunden zu sein und dessen Wünsche und betriebliche Notwendigkeiten sehr gut einschätzen zu können.

Mit Blick auf den Aspekt Energiebeschaffung bieten Energieberater ihren Kundenunternehmen sehr vielschichtige Unterstützung an. Ihre Kerndienstleistung ist es, dem Kundenunternehmen zu helfen, sich über die komplexen Energiemärkte und unterschiedlichen Beschaffungsmöglichkeiten eine eigene Marktmeinung zu bilden. Dadurch helfen sie Kundenunternehmen im Idealfall, einen ganzheitlichen Beschaffungsansatz zu entwickeln.

Das angebotene Dienstleistungsspektrum kann folgende Aspekte umfassen:

- Beratung bei der Definition der Beschaffungsstrategie
- Vorbereiten und Erstellen der Ausschreibungsunterlagen zur Stromausschreibung
- Durchführen der Ausschreibung
- Ausschreibungsauswertung
- Beratung während des Beschaffungsprozesses
- Vorbereiten und Durchführen der Vertragsverhandlungen
- Durchführung der Beschaffung durch eigene Handelszugänge

6.2 Die Chancen und Risiken des Outsourcings

Mit der Entscheidung zum Outsourcen des Stromeinkaufs stellen sich einem Unternehmen eine Reihe von Fragen.

- Welche Teile der Strombeschaffung sollen ausgelagert werden?
- Wie führt es eine geeignete Erfolgskontrolle durch?
- Wie findet es den passenden Dienstleister?

Es bedarf einer gründlichen Analyse, um diese drei Fragen auf das eigene Unternehmen bezogen effektiv zu beantworten.

6.2.1 Welche Teile der Strombeschaffung sollen ausgelagert werden?

Bereits die Aufzählung der angebotenen Dienstleistungen zeigt, dass der Umfang der Auslagerung sehr unterschiedlich sein kann. Das Spektrum geht von der Unterstützung bei der Zusammenstellung der Ausschreibungsunterlagen bis hin zur kompletten Übernahme der Ausschreibung inklusive des Liefervertrages durch den Dienstleister.

Eine pauschale Antwort, welche Outsourcing-Stufe die praktikabelste und sinnvollste ist, kann es nicht geben. Das Unternehmen muss zunächst die eigenen Kapazitäten und Möglichkeiten sowie die Bedeutung der Strombeschaffung für den eigenen Unternehmenserfolg bewerten. Je mehr Teile der Strombeschaffung ein Kundenunternehmen an einen externen Dritten auslagert, desto mehr Autonomie und Kontrolle gibt es ab. Für viele kleinere und mittlere Unternehmen mit klassischer Festpreisbeschaffung ist es gegebenenfalls sinnvoll, drei Prozessstufen auszulagern:

• die Zusammenstellung der Ausschreibungsunterlagen
• die Kommunikation der Ausschreibung an den Markt
• die Ergebnisbewertung und gegebenenfalls die Begleitung der Vertragsverhandlungen

In den meisten Fällen ist es nicht zielführend, die gesamte Abwicklung dieser drei Prozessstufen in die alleinige Verantwortung des Energieberaters zu legen. Ein Mitarbeiter des Unternehmens sollte immer eingebunden sein und als direkter Kontakt zum Berater und der Ausschreibungsteilnehmer fungieren.

Zum einen hilft dies, ein schnelleres und oftmals qualitativ besseres Ergebnis zu erzielen. Zum anderen erleichtert es die spätere Erfolgskontrolle der Dienstleistung.

Je größer der Strombedarf und je geringer das interne energiewirtschaftliche Know-how, desto früher im Beschaffungsprozess kann es sinnvoll sein, einen Energieberater hinzuzuziehen. Mit seinem Fachwissen kann er einen Überblick über die am Markt angebotenen Produkte sicherstellen und sinnvolle Beschaffungsstrategien für das eigene Stromportfolio entwickeln. Für Kunden mit strukturierter Beschaffung kann es interessant sein, die Entscheidung der Teilmengenbeschaffung an einen Dienstleister abzugeben. Der Berater kann den Beschaffungsprozess zumindest begleiten.

Vor allem bei der Preis- und Vertragsverhandlung erhöht dies die Erfolgsaussichten des Kundenunternehmens. Energieberater können objektiv über typische vertragliche Fallstricke und für den Kunden ungünstige Standardregelungen informieren. Der Kunde profitiert von diesem Know-how. Damit werden die eigenen Mitarbeiter entlastet, die sich aus Kapazitätsgründen nicht so eingehend mit der komplexen Thematik befassen können.

Auf jeder Prozessstufe der Strombeschaffung muss das Unternehmen entscheiden, wie weitgehend es die jeweilige Stufe delegieren möchte. Auch hierzu gilt die Grundregel: Je bedeutender die Strombeschaffung für den unternehmerischen

Erfolg und je weniger Marktwissen vorhanden ist, desto intensiver sollte der Energieberater involviert sein.

Praxisbeispiel: Gezielte Auslagerung einzelner Prozessstufen der Stromausschreibung

Der für den Stromeinkauf verantwortliche Leiter des Facility-Managements des Labordienstleisters A möchte sich administrativ entlasten. Die komplette Abwicklung des Ausschreibungsprozesses möchte er jedoch nicht an einen externen Partner vergeben. Mit dem Energieberater B vereinbart er daher einen Dienstleistungsvertrag, welcher vorsieht, dass B die Ausschreibungsunterlagen (Lastgänge, Lastenheft etc.) und eine Liste an Ausschreibungsteilnehmern zusammenstellt. Ab der Ausschreibungsversendung übernimmt A den Prozess und wertet die eingehenden Angebote aus.

6.2.2 Durchführung der Erfolgskontrolle

Ausschlaggebend für den Erfolg der Outsourcing-Entscheidung ist die Erfolgskontrolle. Nachdem die Beschaffung, beziehungsweise wesentliche Teile, an einen Dienstleister übergeben wurde, ist es schwierig, eine Erfolgsbewertung vorzunehmen. Deshalb sollte das Unternehmen beurteilen, ob ein besseres Beschaffungsergebnis mit dem vermehrten Einsatz eigener Kapazitäten (Zeit, Wissen, Personal) erreicht worden wäre. Dieses potenzielle Ergebnis muss das Kundenunternehmen mit dem Auslagerungsergebnis vergleichen.

Für Unternehmen mit nur geringem energiewirtschaftlichem Know-how stellt sich oft die Frage, ob die vom Dienstleister kommunizierten Ergebnisse tatsächlich die optimalen Resultate sind, als die sie der Dienstleister präsentiert. Es gibt keine verbindlichen Definitionen, welche Dienstleistungen ein Energieberater erbringen muss beziehungsweise in welcher Qualität er sie zu erbringen hat. Daher müssen Erfolgskriterien definiert werden. Auf Basis dieser Kriterien muss das Unternehmen eine Erfolgsbeurteilung vornehmen können. Die Gefahr, vor der Kundenunternehmen stehen, ist es, den Marktkontakt zu verlieren und damit auch den Blick für Marktentwicklungen. Je ausgeprägter dieser Zustand ist und je länger das Vertragsverhältnis zum Energieberater andauert, umso größer ist diese Gefahr. Das Unternehmen kann immer mehr in die Abhängigkeit eines Energieberaters geraten.

Es kann ein Blindflug sein, ohne die Möglichkeit zu bewerten, ob die eigenen Beschaffungskonditionen marktkonform sind, geschweige denn die bestmöglichen. Die Erfahrung zeigt, dass kleinere und mittlere Unternehmen häufiger in diese Abhängigkeit geraten als oftmals vermutet. Häufig ist es den Unternehmen gar nicht bewusst, ihnen fehlt das Know-how, die vom Berater erbrachten Ergebnisse zu vergleichen.

Oftmals bevorzugen einzelne Energieberater bestimmte Lieferanten und/oder Beschaffungsmodelle und lehnen andere Produkte ab. So gibt es Berater, die grundsätzlich nur Festpreisangebote empfehlen und am Markt per Ausschreibung kommunizieren. Doch das jeweilige passende Beschaffungsmodell ist von der Branche, der Unternehmensstruktur und der Unternehmenspolitik abhängig und nicht von den Präferenzen des Energieberaters. Aus diesem Grund ist bei der Auswahl des richtigen Beraters darauf zu achten, dass nicht nur ein Beschaffungsmodell empfohlen wird.

Die Erfahrung zeigt, dass es auch Energieberater gibt, die immer dieselben Stromanbieter anfragen. Dies kann verschiedene Gründe haben, von guten Kontakten zu bestimmten Energieversorgern bis hin zu Rückvergütungsvereinbarungen mit den präferierten Energieversorgern. Für den Kunden kann sich dadurch das Problem ergeben, dass nicht die besten Angebote am Markt eingeholt werden. Daher sollte das Kundenunternehmen auch diesen Aspekt vor der Entscheidung für einen Energieberater erfragen. Sofern der Energieberater die Ausschreibung durchführt, muss er transparent offenlegen können, wie viele und welche Anbieter er angefragt hat. Dienstleistungsorientierte Energieberater stellen eine genaue Auswertung über den Ausschreibungsprozess zusammen und geben dem Kunden die Möglichkeit zur Einsicht. Diese sorgt für ein Maximum an Transparenz.

Praxisbeispiel: Transparenz in der Zusammenarbeit mit dem Energieberater

A ist Einkaufsleiter eines Pflegeheimbetreibers, welcher 24 Pflegeheime in Nordrhein-Westfalen betreibt. Er möchte sein Team von zwei Mitarbeitern entlasten und Kapazitäten für das aufwendige Kerngeschäft freimachen. Er übergibt daher die Abwicklung der Strombeschaffung an den Energieberater B. Dieser stellt die Ausschreibungsunterlagen zusammen, fragt Stromlieferanten an und legt die günstigsten Angebote A vor. Daneben vereinbaren A und B, dass B eine Übersicht darüber erstellt, welche Stromversorger er angefragt hat und wie das genaue Preisranking aussieht. Auf diese Weise hat A trotz Auslagerung bei jeder Ausschreibung einen guten Marktüberblick. Er ist nicht allein von der Empfehlung von B abhängig. Aus diesem Grund kann er das Ergebnis des Stromeinkaufs guten Gewissens gegenüber der Geschäftsführung vertreten.

Oftmals arbeiten Unternehmen langjährig mit einem Energieberater zusammen. Selbstverständlich ist es empfehlenswert, funktionierende geschäftliche Partnerschaften weiterzuführen. Von Zeit zu Zeit ist es jedoch sinnvoll, die Effektivität der

Vertragsbeziehung zu überprüfen. Sofern ein Unternehmen langjährig mit einem Energieberater zusammenarbeitet, sollte es zumindest alle drei Jahre selbst einige Angebote von Energieversorgern einholen. Nur dann kann der Kunde die vom Energieberater zusammengestellten Ergebnisse marktkonform bewerten. Dies schafft für den Energieberater nachhaltig den Anreiz, stetig an seiner Dienstleistungsqualität zu arbeiten.

6.2.3   Vergütungsmodell als Grundlage der Zusammenarbeit

Für Kundenunternehmen ist das vereinbarte Vergütungsmodell für den beauftragten Energieberater ein wichtiges Instrument, um die gegenseitige Zusammenarbeit zu gestalten. Denn grundsätzlich arbeitet der Dienstleister nicht nur für den maximalen Erfolg des Kundenunternehmers, sondern auch für den eigenen maximalen Erfolg. Dienstleistungsorientierte, erfahrene Energieberater wissen: Der maximale Kundennutzen ist langfristig der beste Garant für den eigenen Erfolg. Doch gibt es im heterogenen Markt für Energieberatung auch Anbieter, die ein anderes Verständnis haben. Sie stellen den eigenen Profit vor den Kundennutzen. Deren Strategie besteht oftmals darin, in möglichst kurzer Zeit mit möglichst wenig Aufwand möglichst viel Profit aus einer Kundenbeziehung zu ziehen. Eine Möglichkeit, um das Risiko der falschen Wahl des Energieberaters zu reduzieren, ist die Vorlage einer Referenzkundenliste samt Ansprechpartner. Der Kunde sollte darauf achten, wie lange der Energieberater mit einzelnen Referenzkunden zusammenarbeitet und ob die Referenzliste auch Kunden enthält, die seinem Unternehmen gleichen. Interessant sind Kunden aus derselben Branche.

Entscheidend ist jedoch das Vergütungsmodell. Es gibt je nach Anbieter sehr unterschiedliche Vergütungsmodelle. Beispiele für gängige Vergütungsmodelle sind:

- prozentuale Beteiligungsmodelle
- pauschale Vergütungsmodelle
- Mischmodelle prozentuale Beteiligung – pauschale Vergütung

Je nach Vergütungsmodell gibt es Risiken und Chancen, die dem Kundenunternehmen bewusst sein müssen.

6.2.4   Prozentuale Beteiligung der Energieberater

Der Klassiker unter den Vergütungsmodellen ist die prozentuale Beteiligung des Energieberaters an Einsparerfolgen. Vor allem für kleinere Unternehmen ist dies nach wie vor das am häufigsten angebotene Vergütungsmodell. Es funktioniert in der Grundversion der Art, dass der Energieberater jedes Jahr anstrebt, eine Einsparung zu erzielen. An dieser wird er prozentual beteiligt. Für eine qualitativ bewertbare Ergebnisanalyse der Tätigkeit des Energieberaters ist diese Erfolgsbetrachtung jedoch nur auf den ersten Blick zielführend. Die Betrachtung des Netto-Strompreises im Zeitvergleich ist nur bedingt aussagekräftig. Es gibt neben den möglichen Erfolgen des Energieberaters zu viele externe Einflussfaktoren auf den Preis. So können fallende Großhandelspreise dazu führen, dass Jahr für Jahr Einsparungen erzielt werden, unabhängig von der Dienstleistungsqualität des Energieberaters. Die Einsparerfolge kann sich somit bei einer genauen Analyse nicht der Energieberater anrechnen. Sie müssen der Marktentwicklung zugeschrieben werden. Teilweise bieten Dienstleister prozentuale Beteiligungsmodelle auch kombiniert mit Benchmark-Vergleichen an. Für die Erfolgsbewertung wird dann beispielsweise die Inflationsentwicklung herangezogen. Solche Modelle machen die Erfolgsauswertung für Kundenunternehmen intransparent und schaffen nur scheinbar belastbare Vergleichsmaßstäbe.

Eine genaue Analyse zeigt, dass ein prozentuales Vergütungsmodell auch für die Dienstleister zu Fehlanreizen führen kann. Erzielt ein Dienstleister Jahr für Jahr große Einsparungserfolge, reduziert er die Wahrscheinlichkeit, in den Folgejahren weitere Einsparungen erzielen zu können. Darunter würde seine Erfolgsbeteiligung in den Folgejahren leiden.

Exkurs: Fragwürdige Provisionsmodelle zwischen Energieberatern und Energieversorgern

Seit einigen Jahren machen am Strombeschaffungsmarkt immer wieder Provisionsvereinbarungen zwischen Energieberatern und Energieversorgern Negativschlagzeilen. Entsprechende Regelungen können durchaus im Sinne des zu beratenden Unternehmens positive Auswirkungen haben. Oft haben sie aber für Kundenunternehmen einen überdenkenswerten Beigeschmack.

In der Praxis haben einige Energieberater Provisionsvereinbarungen mit Energieversorgern geschlossen. Die Provisionszahlungen fließen für jeden vermittelten Kunden. Zunächst ist dies problematisch da dies die Unabhängigkeit der Energieberater infrage stellt. Ein Kernbestandteil der Dienstleistung des Energieberaters besteht darin, dass er dem Kunden die besten Marktkonditionen in aller Unabhängigkeit ermöglicht. Vertrauen muss die Grundlage der Geschäftsbeziehung sein. Sofern der Kunde von entsprechenden Provisionsvereinbarungen weiß, ist an dieser Vorgehensweise auch nichts Unredliches. Nur wenn ihm der Dienstleister diese Information bewusst vorenthält, liegt ein Missverhalten seitens des Energieberaters vor. Der Kunde wird über einen möglichen versteckten Mehraufwand im Unklaren gelassen. Denn einige schwarze Schafe unter den Beratern vereinbarten mit dem Kundenunternehmen Vergütungsmodelle und ließen sich gleichzeitig von Energieversorgern provisionieren. Die Provision des Beraters wird vom Energieversorger in der Regel auf den Kunden umgelegt. Das Kundenunternehmen muss in diesem Fall doppelt zahlen und ist sich darüber im Unklaren. Deshalb sollte es sich daher zu Beginn einer Partnerschaft vom Energieberater entsprechende Provisionsvereinbarungen offenlegen lassen.

Nicht in jedem Fall sind entsprechende Vereinbarungen zwischen Energieberater und Energieversorger verwerflich. Verbände haben oftmals eigene interne Energieberatungseinheiten, welche Rahmenverträge für ihre Mitgliedsunternehmen aushandeln. Für diese schließen sie häufig Provisionsvereinbarungen mit Energielieferanten ab, die sie den Mitgliedsunternehmen offenlegen. In diesem Fall geht es darum, einen möglichst gut ausgehandelten Rahmenvertrag und somit einen Mehrwert für die Mitgliedsunternehmen zu ermöglichen. Entsprechend transparente Provisionszahlungen durch den Energieversorger sind daher gerechtfertigt.

Das klassische Modell der reinen prozentualen Erfolgsbeteiligung ist eher für Unternehmen mit kleineren Stromverbrauchsmengen geeignet. Es erscheint verlockend, dass eine Vergütung erst bei nachweisbarem Erfolg anfällt. Die Erfolgskontrolle ist jedoch nur schwer zu gewährleisten. Kunden mit größeren Stromabnahmemengen ist daher von diesem Modell eher abzuraten.

Die Alternative zu diesem Vergütungsmodell ist die Vereinbarung einer pauschalen Vergütung für den Energieberater.

6.2.5 Pauschale Vergütung der Energieberater

Für viele mittelständische Unternehmen hört sich dieser Ansatz im Vergleich zu einer Erfolgsvergütung eher unattraktiv an. Doch hat diese Art der Vergütung für das Kundenunternehmen bestimmte Vorteile. Sie schafft einen berechenbaren Rahmen. Weiterhin verhindert dieses Vergütungsmodell unangemessen hohe Vergütungen ohne entsprechende Leistungen des Beraters. Mit einer prozentualen Beteiligung kann der Berater bei stark fallenden Großhandelspreisen Geld verdienen, ohne dass er dafür eine nennenswerte Dienstleistung erbringen muss. Sofern die beiden Vertragsparteien, Kundenunternehmen und Energieberater, eine angemessene Pauschalvergütung vereinbaren, ist dieses Risiko ausgeschlossen.

Selbstverständlich besteht auch bei der Pauschalvergütung die Gefahr, dass die Dienstleistung schlecht erbracht wird und die Vergütung trotzdem fällig wird. Deshalb muss die vertragliche Grundlage eine genaue Leistungsbeschreibung des Energieberaters enthalten. Tendenziell ist die pauschale Vergütung geeigneter für Kundenunternehmen mit komplexeren und individuelleren Beschaffungsmodellen.

Sofern das Unternehmen auf die Kompetenz eines Beraters zurückgreifen will, macht es bei diesen individuellen Modellen Sinn, den Berater bereits bei der Entwicklung der Beschaffungsstrategie hinzuzuziehen. Dafür benötigt das Unternehmen einen Berater, der für entsprechende Beschaffungsmodelle Beratungskompetenz vorweisen kann. Auch hier hilft die oft erwähnte Referenzkundenliste.

6.2.6   Mischformen der Beratervergütung

Der dritte Weg der Vergütungsvereinbarung mit einem Energieberater ist die Mischung beider Vergütungsformen. Das heißt, es gibt Vergütungselemente, die prozentual Erfolgsabhängig sind, und Elemente mit pauschaler Vergütung. Das Modell versucht die Vorteile beider Vergütungsmodelle auf sinnvolle Art und Weise miteinander zu verbinden. Dazu müssen die zu erbringenden Leistungsmerkmale, welche pauschal und welche erfolgsabhängig vergütet werden sollen, genau beschrieben und abgegrenzt werden. So können zum Beispiel Elemente wie die Entwicklung einer passenden Beschaffungsstrategie oder die Vorbereitung der Ausschreibungsunterlagen pauschal vergütet werden. Bei einer strukturierten Beschaffung können die Verhandlungserfolge bei der Vergütung des Stromversorgers, die erfolgstransparent sind, eine prozentuale Beteiligung enthalten. Auf diese Weise lässt sich eine zweckmäßige Mischung beider Vergütungsmodelle für die jeweiligen individuellen Anforderungen des Kundenunternehmens zusammenstellen. Für größere Unternehmen mit einem vergleichbar höheren Stromkostenanteil ist diese Art der Vergütung des Energieberaters häufig die geeignetste.

Für einen guten Energieberater endet die Dienstleistung nicht mit der Vertragsunterzeichnung des Kundenunternehmens unter einen Stromliefervertrag. Er fungiert auch danach für seine Kundenunternehmen als kompetenter Ansprechpartner und Berater in energiewirtschaftlichen Fragestellungen.

Praxisbeispiel: Begleitung der Teiltranchenbeschaffung durch Energieberater

A ist der Energieberater des Kundenunternehmens B einer mittelständischen Papierfabrik. Nach Analyse der Verbrauchsstruktur und der betrieblichen Erfordernisse haben sich A und B für eine individuelle Tranchenbeschaffung mit Spotmarktanbindung entschieden. Die Entscheidungen, wann Teiltranchen beschafft werden, trifft der Einkaufsleiter von B selbst und kommuniziert diese an die Stromlieferanten. A informiert B regelmäßig über Entwicklungen an den Großhandelsmärkten und sendet ihm quartalsweise einen Marktbericht. Auf diese Weise hilft er dem Einkaufsleiter, fundierte Entscheidungen über Einkaufszeitpunkte zu treffen.

Teilweise machen Kundenunternehmen die Erfahrung, dass sie nach einigen Jahren Zusammenarbeit mit Energieberatern eigenes energiewirtschaftliches Knowhow aufgebaut haben. Dann stellt sich die Frage, ob die Energiebeschaffung wieder in eigener Regie (Insourcing) durchgeführt werden soll. In Abhängigkeit von den personellen Ressourcen kann diese Entscheidung zweckmäßig sein. Es ist eine unternehmerische Abwägung, ob der Mehraufwand, welcher durch ein Insourcing entsteht, durch die eingesparte Energieberatervergütung gerechtfertigt ist.

6.3   Einkaufsgemeinschaften als Alternative zur individuellen Beschaffung

Ein Sonderfall ist die Strombeschaffung über Einkaufsgemeinschaften. Genossenschaften, das Bäckereihandwerk oder viele Handelsunternehmen praktizieren dieses Modell seit jeher in verschiedenen Beschaffungsbereichen. Die Teilnehmer entsprechender Kooperationen können durch die Bündelung der Einkaufsvolumina die Verhandlungsposition gegenüber Anbietern verbessern. Das Ziel sind bessere Konditionen für die Teilnehmer der Einkaufsgemeinschaft. Weitere Vorteile sind:

- bessere Vergleiche mit anderen Unternehmen
- Standardisierung des Beschaffungsprozesses
- Aufbau von Know-how durch Austausch mit anderen Teilnehmern

Die Strombeschaffung ist prädestiniert für die Beschaffung über Kooperationen. Eine größere Strommenge ist kein Mehraufwand bei einer Stromausschreibung. Es handelt sich um einen relativ standardisierten Prozess, wodurch eine gemeinsame Beschaffung begünstigt wird. Oftmals sind es Energieberater beziehungsweise Energiebroker, welche für Verbände oder Firmenzusammenschlüsse den Bedarf bündeln und über den Markt ausschreiben. Vor allem für Unternehmen aus Branchen mit einem überdurchschnittlichen Stromkostenanteil und vergleichsweise geringem absoluten Strombedarf können entsprechende Modelle sinnvoll sein. Beispiele sind Bäckereien oder Metzgereien.

Die Strommengen der Teilnehmer werden zu einem sogenannten Pool zusammengefasst. Dieser Lieferpool wird bei Stromversorgern angefragt. Bei den Poolunternehmen muss es sich um eine möglichst homogene Gruppe handeln. Homogen heißt an dieser Stelle ähnliche Verbräuche aber vor allem ähnliche Verbrauchsstrukturen. Im Gegensatz zu vielen anderen Gütern ist beim Stromeinkauf die Höhe der abgenommenen Menge nicht das wesentliche Preisbildungsmerkmal. Die Verbrauchsstruktur, das Verbrauchsprofil – wann verbrauche ich wie viel Strom? – ist entscheidend für die Höhe des Strompreises. Weisen die Poolunternehmen sehr unterschiedliche Verbrauchsstrukturen auf, gibt es Unternehmen mit günstigen und Unternehmen mit teuren Profilen. Da alle Unternehmen des Pools denselben Preis erhalten, wird durch den Stromanbieter ein Mischpreis kalkuliert. Dieser bildet sich sowohl aus den günstigen als auch den teureren Verbrauchsprofilen.

Im Prinzip subventionieren in diesem Fall die Unternehmen mit einem günstigen Profil die Unternehmen mit teureren Profilen. Da sich jedes Lastprofil unterscheidet, tritt dieser Effekt mehr oder weniger in jeder Einkaufsgemeinschaft auf. Doch sollte der interne Subventionierungseffekt möglichst gering gehalten werden. Die Mehrkosten für Unternehmen mit einem günstigen Profil stellen sich sonst als unverhältnismäßig dar. Deshalb ist es auch als Mitglied einer Stromeinkaufsgemeinschaft immer sinnvoll, hin und wieder eigene Marktanfragen zu stellen. Auf diese Weise verliert das Unternehmen nicht den Bezug zu den Marktentwicklungen. Nur dann kann es bewerten, ob die Einkaufsgemeinschaft vorteilhaft ist. Vor allem die größeren Teilnehmer der Gemeinschaft sollten entsprechende Vergleichsangebote für die Einzelbepreisung des eigenen Stromportfolios einholen.

Die Organisation der Stromausschreibung

7

Das Herzstück der Strombeschaffung ist die Ausschreibung des Kundenunternehmens. Über die Stromausschreibung kommuniziert das Kundenunternehmen seinen Bedarf an den Markt und holt sich Stromlieferangebote ein. Die Praxis zeigt, dass viele kleinere und mittlere Unternehmen bei der Durchführung dieses Ausschreibungsprozesses oftmals vermeidbare Fehler machen. Das Resultat sind höhere Kosten oder vermeidbarer administrativer Aufwand. Das folgende Kapitel beschreibt die einzelnen Phasen des Ausschreibungsprozesses sowie die häufigsten Fehler in den einzelnen Prozessstufen. Auf der Grundlage praktischer Erfahrungen gibt es Handlungsempfehlungen zur Vermeidung dieser Fehler. Je bedeutender die Strombeschaffung für den Unternehmenserfolg ist, desto detaillierter sollte der Kunde das Projekt „Stromausschreibung" vorbereiten und durchführen. Wie in jedem Projekt müssen die eingesetzten Ressourcen im Verhältnis zur Bedeutung des Projekts für den Gesamterfolg stehen. Trotzdem ist es in jedem Fall zu empfehlen, einen systematischen Ansatz zu wählen, um gängige Fehler zu vermeiden. Ein weiterer wichtiger Punkt bei der Durchführung der Stromausschreibung ist die Erfolgsbewertung. Woran lässt sich festmachen, ob eine Stromausschreibung erfolgreich war? Der alleinige Blick auf die Gesamtkosten ist auch in diesem Fall zu kurz gegriffen. Er wird den komplexen Einflussfaktoren nicht gerecht.

© Springer Fachmedien Wiesbaden 2015
I. Schumacher, P. Würfel, *Strategien zur Strombeschaffung in Unternehmen*,
DOI 10.1007/978-3-658-07422-7_7

7.1   Die Gründe für die Stromausschreibung

In kleineren Unternehmen wird oft die Frage gestellt, warum der Strombedarf über einen mehr oder weniger aufwendigen Vergabeprozess ausgeschrieben werden soll. Den Verantwortlichen erscheint es oft attraktiv, mit dem Bestandslieferanten den bestehenden Vertrag Jahr für Jahr zu verlängern beziehungsweise die Verträge mit automatischen Verlängerungsklauseln Jahr für Jahr weiterlaufen zu lassen. In vielen Fällen ist es der örtliche Versorger, mit dem schon seit vielen Jahren zusammengearbeitet wird. Die Schlussfolgerung ist oft: Mit dem Bestandslieferanten wissen wir, was wir haben. Die möglichen Kosteneinsparungen würden den Mehraufwand eines Ausschreibungsprozesses nicht lohnen.

Selbstverständlich ist diese Art der Vergabe der Strombelieferung nicht grundsätzlich falsch. Sie liegt im Ermessen des jeweiligen Unternehmens. Doch sollte jedes Unternehmen die Gründe kennen, die für eine Vergabe per Ausschreibung sprechen. Ein Ausschreibungsprozess muss nicht per Definition aufwendig sein. Der Aufwand muss vielmehr im Verhältnis zur Gesamtbedeutung der Strombeschaffung für den Unternehmenserfolg stehen.

7.2   Transparenz über die eigenen Vertragskonditionen

Auch für kleinere Unternehmen gibt es gute Gründe für eine systematische Stromausschreibung. Das Unternehmen erhält die Möglichkeit, die eigenen Bezugskonditionen bewerten zu können. Es erfährt, ob die Konditionen des Bestandslieferanten günstig, teuer oder zumindest marktkonform sind. Ohne diese Marktspiegelung begeben sich Unternehmen in die Abhängigkeit des jeweiligen Bestandslieferanten. Sie geben unternehmerische Entscheidungsfreiheit auf. Am Ende eines Stromausschreibungsprozesses muss nicht die Trennung vom langjährigen Bestandslieferanten stehen. Zumindest hat das ausschreibende Unternehmen Transparenz über die Bestandskonditionen im Vergleich zum Marktniveau gewonnen. Dieses Wissen um die aktuellen Marktkonditionen kann die Verhandlungsstärke gegenüber dem Bestandslieferanten erhöhen und somit zu einem Nachverhandeln der bestehenden Vertragskonditionen führen. Auch entsteht durch einen regelmäßigen Austausch mit unterschiedlichen Stromanbietern ein Mindestmaß an Markt-Know-how im Unternehmen. Es kann einen Überblick über Produkte und Dienstleistungen am Markt gewinnen. Dadurch kann das Kundenunternehmen bewerten, inwieweit diese für die eigenen Betriebsabläufe passend sind.

In den letzten Jahren kam es zu einer stetigen Zunahme der Produkt- und Dienstleistungsangebote am Strommarkt. Das Kundenunternehmen kann den Bestandslieferanten proaktiv auf vergleichbare Angebote ansprechen, um den eigenen Liefervertrag weiterzuentwickeln. Oftmals bieten Energieversorger ihren langjährigen Kunden nicht aktiv neue Vertragsanpassungen an. Vielmehr besteht das Interesse, langjährig abgeschlossene Lieferverträge weiter bestehen zu lassen. Die Konditionen früherer Jahre waren für Stromlieferanten deutlich attraktiver als die derzeit am Markt vorherrschenden. Wie in kaum einem anderen Markt haben sich die Rahmenbedingungen am Markt für Stromversorgung in den letzten Jahren erheblich geändert. Die Margen der Energieversorger sind um teilweise mehr als 50 % gesunken. Daher gibt es wie in kaum einem anderen Beschaffungsmarkt einen Unterschied zwischen alten und neu abgeschlossenen Verträgen.

Eine Stromausschreibung des Kundenunternehmens erhöht den Verhandlungsdruck auf den Bestandslieferanten, die eigenen Konditionen zukünftig zu verbessern. Nicht selten können über eine Stromausschreibung die Konditionen um bis zu 20 bis 30 % gesenkt werden. Scheut ein Unternehmen den jährlichen beziehungsweise regelmäßigen Aufwand einer Stromausschreibung, sollte es sich zumindest zur Regel machen alle drei bis vier Jahre eine formelle Ausschreibung durchzuführen. Über diesen Zeitraum ist der Aufwand im Vergleich zu einer jährlichen Ausschreibung nicht zu hoch. Bei langjährigen Geschäftsbeziehungen zu einem Energieversorger kann dieses Vorgehen eine Grundregel sein. Dem Bestandslieferanten sollte diese Vorgehensweise als zukünftige Standardvorgehensweise kommuniziert werden. Dies schafft für den Bestandslieferanten den Anreiz, aktiv die jeweils attraktivsten Konditionen anzubieten. Auch in der Strombeschaffung gilt: Vertrauen ist gut, Kontrolle ist besser!

Praxisbeispiel: Regelmäßige Prüfung der Vertragskonditionen

Der Verband A ist ein sozial-karitativer Verband. Um eine gewisse Kontinuität in den Betriebsabläufen zu gewährleisten, legt er viel Wert auf langjährige Beziehungen mit seinen Lieferanten. Trotzdem verfolgt der Verband den Grundsatz, langjährige Geschäftsbeziehungen alle zwei bis drei Jahre einem Markttest zu unterziehen. Dies wird auch dem Stromlieferanten B bei Vertragsunterschrift klar kommuniziert. Alle zwei bis drei Jahre wird der Bestandsvertrag gekündigt und das neue Angebot von B mit anderen Lieferangeboten verglichen.

Auch der Einwand, dass der mit einer Ausschreibung verbundene Aufwand die mögliche Kostenreduzierung nicht rechtfertigt, trifft nur bedingt zu. Jede Ausschreibung kann so gestaltet werden, dass sie die Wichtigkeit der Strombeschaffung für den individuellen Unternehmenserfolg berücksichtigt. In einem regelmäßigen Ausschreibungsverfahren müssen nicht zehn bis 20 verschiedene Anbieter angesprochen und deren Angebote ausgewertet werden. Bereits eine Anfrage von fünf Anbietern gibt einen Überblick über die aktuellen Marktkonditionen.

7.3   Die Stromausschreibung als Projekt

Es ist von Vorteil, eine Stromausschreibung als Projekt zu sehen und Regeln des Projektmanagements anzuwenden. Eine wichtige Grundlage ist deshalb die realistische Zeitplanung für den Gesamtabwicklungsprozess. Der verantwortliche Mitarbeiter muss berücksichtigen, dass intern verschiedene Stellen involviert sein können. Fachübergreifenden Abstimmungsbedarf kann es zu folgenden Abteilungen geben:

* Produktionsplanung: Expansionsplanung (prognostizierte Verbrauchsveränderungen)
* Technik: Zusammenstellen von technischen Daten, geplante Energieeffizienzmaßnahme mit Auswirkungen auf den Verbrauch
* Marketing: mögliche Grünstrombeschaffung als Instrument der Unternehmenskommunikation
* Geschäftsführung: Freigabe und Unterschriftsberechtigung
* Rechnungswesen: Anforderungen der Abrechnung und Rechnungsstruktur
* Einkauf: Marktkommunikation der Ausschreibung

In vielen mittelständischen Unternehmen gibt es keine formellen Trennungen zwischen den einzelnen Fachbereichen. Mitarbeiter üben teilweise verschiedene Tätigkeiten in Personalunion aus.

Prozessphasen der Stromausschreibung

Abbildung 7.1 zeigt die einzelnen Prozessphasen einer Stromausschreibung

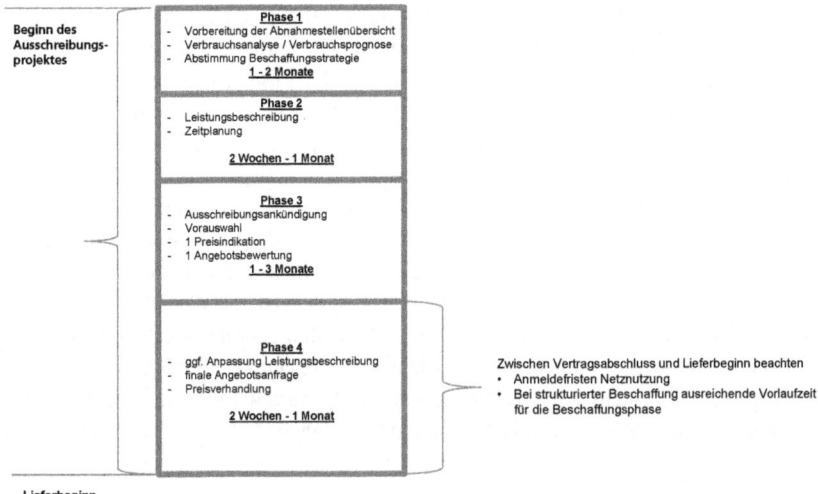

Abb. 7.1 : Phasen der Stromausschreibung

Phase 1

In Phase 1 der Stromausschreibung wird die Beschaffungsstrategie auf die Unternehmensbedingungen abgestimmt. Diese Entscheidung kann von Unternehmen zu Unternehmen, auch derselben Branche, recht unterschiedlich ausfallen. Sofern sich das Unternehmen keine eigene Einschätzung zutraut, kann es externe Berater hinzuziehen. Auch können Gespräche mit unterschiedlichen Stromanbietern einen Überblick darüber geben, welche Beschaffungsstrategien für das eigene Unternehmen die geeignetsten sind. Ebenfalls sollte das Kundenunternehmen in dieser Phase festlegen, ob und in welcher Form es Grünstrom beziehen möchte.

Das Erstellen von Verbrauchsanalysen in Form von Lastgangauswertungen hilft, eine verlässliche Bewertung vorzunehmen. Dazu ist es notwendig, die Lastgänge vom Bestandslieferanten anzufordern. Sofern das Kundenunternehmen mehrere Stromversorger hat, sollte der Verantwortliche etwas mehr Zeit einplanen, da gegebenenfalls mehr Partner anzusprechen sind. Auf Basis der Verbrauchsanalysen und der erwarteten geschäftlichen Entwicklung kann eine Verbrauchsschätzung erfolgen. Das Kundenunternehmen muss beachten, dass Stromanbieter ihre Angebote in der Regel auf der Basis von Vergangenheitsdaten kalkulieren. Sie nehmen die Lastgänge des letzten Jahres beziehungsweise der letzten Jahre und verwenden diese für die Angebotskalkulation. Erwartet der Kunde daher größere

Abweichungen zu den Vergangenheitswerten, sollte er dies den Stromanbietern bereits während der Ausschreibung mitteilen. Die Gründe für diese erwarteten Abweichungen können beispielsweise Werks- oder Filialschließungen, Eröffnungen, Eigenerzeugungsprojekte, Contracting- oder Energieeffizienzprojekte oder die Umstellung von Schichtbetrieben sein. Sollten für bestimmte Abnahmestellen noch keine Vergangenheitswerte vorliegen, zum Beispiel bei Neueröffnungen, können Vergleichsobjekte genannt werden. Stromanbieter können sich an diesen bei der Kalkulation orientieren. Sofern der Stromkunde mit einem Energiedatenmanagementsystem arbeitet, sollte er die Daten in die Verbrauchsprognose für den ausgeschriebenen Lieferzeitraum einbeziehen. Auf Basis dieser Datenzusammenstellung wird danach eine Übersicht der Lieferstellen erstellt. Diese beinhaltet die Vergangenheitswerte und die prognostizierten Verbräuche. Je nach Datenverfügbarkeit oder Energiemanagementsystem sollte der verantwortliche Mitarbeiter für diese erste Phase etwa zwei bis drei Monate einplanen.

Phase 2

In der zweiten Phase stellt das Kundenunternehmen die Ausschreibungsunterlagen zusammen. Dazu formuliert es die definierten Beschaffungsstrategien in Form eines Lastenheftes aus. Auch andere Aspekte (Kapitel 4) müssen in dieser Phase in das Lastenheft aufgenommen werden. Spezifische Vertragsinhalte muss das Kundenunternehmen ebenfalls ausformulieren.

Praxisbeispiel: Flexibilität in der An- und Abmeldung von Standorten

Unternehmen A betreibt als Pächter 13 Autobahnraststätten. Insgesamt hat er einen jährlichen Strombedarf von etwa 1 GWh. In den kommenden zwei Jahren plant er bestehende einzelne Pachtverträge zu veräußern und neue zu übernehmen. In die Ausschreibungsunterlagen für eine Strombelieferung nimmt er entsprechend eine Klausel mit auf. Diese Klausel regelt, dass er während der Vertragslaufzeit jederzeit neue Standorte in den Stromliefervertrag aufnehmen und bestehende Standorte herauslösen kann. Sofern ein Anbieter diese Flexibilität nicht anbietet, wird er bei der Ausschreibung nicht berücksichtigt.

Auch die Kündigungsfristen mit dem oder den Bestandslieferanten sind zu beachten. Für diesen Prozessschritt sollten die Verantwortlichen etwa zwei bis vier Wochen einplanen.

Phase 3

In Phase 3 kann in Form einer Vorankündigung ein ausgewählter Kreis an Stromlieferanten angefragt werden, inwieweit Interesse an einer Ausschreibungsteil-
nahme besteht. Wie viele Anbieter angefragt werden, hängt von der angefragten
Beschaffungsstrategie und den gewünschten Zusatzdienstleistungen ab. Dabei ist
es sinnvoll, Teilnahmeerklärungen einzufordern beziehungsweise Selbstauskunftsbögen der angefragten Anbieter mitzusenden. In den Selbstauskunftsbögen können
gegebenenfalls Dienstleistungswünsche aufgenommen werden, sofern sie nicht in
den Ausschreibungsunterlagen enthalten sind. Auf diese Weise kann der verantwortliche Mitarbeiter eine gewisse Vorqualifizierung der Anbieter vornehmen. In
dieser Phase kann das Kundenunternehmen auch eine erste Preisindikation der Anbieter anfragen.

Exkurs: Der Unterschied zwischen indikativem Preis und Preisbindung
In der Angebotsabgabephase werden Kundenunternehmen häufig mit dem Begriff der Preisindikation beziehungsweise einem indikativen Preis konfrontiert. Eine Preisindikation ist
eine unverbindliche Preisinformation seitens des Anbieters. Er behält sich jedoch vor, bei
der letztendlichen Angebotsannahme durch das Kundenunternehmen diesen Preis nochmal zu aktualisieren. Bei einem Angebot mit Preisbindung dagegen handelt es sich für den
Zeitraum der Preisbindung um ein verbindliches Preisangebot. In der Regel informiert der
Stromanbieter in diesem Fall, wie lange die Preisbindung gilt. Beim Abschluss eines Stromliefervertrages ist diese Unterscheidung nicht unerheblich, da die Großhandelspreise stark
schwanken können. So hat ein indikativer Preis aus Sicht des Stromanbieters den Zweck,
seine Angebotskalkulation bei Änderungen der Großhandelspreise zwischen Angebotslegung und Vertragsabschluss bei Bedarf anzupassen. Er übernimmt nicht das Marktpreisrisiko. Bei einem Angebot mit Preisbindung reduziert sich bei steigenden Preisen innerhalb der
Bindefrist die Marge des Stromanbieters. Bei fallenden Preisen steigt sie entsprechend an.

Auf Basis der Preisindikation kann das Kundenunternehmen ein erstes Preisranking der Anbieter erstellen. Dieses Ranking muss noch nicht die finale Entscheidung vorwegnehmen. Es kann jedoch einen Hinweis darauf geben, mit welchen
Lieferanten der Kunde weiter im Ausschreibungsprozess fortfahren soll. Je nachdem, wie viele Anbieter ein Unternehmen anfragt, kann es zweckmäßig sein, nach
dieser ersten Indikationsrunde den schlecht platzierten Anbietern abzusagen. In
dieser Phase hat das ausschreibende Unternehmen die Gelegenheit, durch Kommunikation mit den Anbietern Anpassungen der Leistungsanforderungen vorzunehmen. Vielleicht stellt sich im Dialog mit den Anbietern heraus, dass andere
Lösungen praktikabler sind. Der verantwortliche Mitarbeiter sollte solchen Vor-
schlägen gegenüber aufgeschlossen sein, wenn sie sinnvoll erscheinen und von

mehreren Anbietern nahegelegt werden. Für diese Ausschreibungsphase können nicht selten ein bis drei Monate angesetzt werden.

Phase 4

Im nächsten Prozessschritt findet die zweite und finale Preisrunde statt. Der Kunde fordert die Anbieter auf, ihre Preisaktualisierung mit verbindlichen Preisen abzugeben. In diesem Prozessschritt führt das Kundenunternehmen die finale Vertrags- und Preisverhandlung mit den Lieferanten. Daher ist es wichtig, die entsprechenden internen Ansprechpartner, beziehungsweise Unterschriftsbefugten, in das Projekt eingebunden zu haben. Am Ende dieser Phase steht der Abschluss des Stromliefervertrages mit dem ausgewählten Lieferanten.

Bei der dargestellten Phasenbeschreibung handelt es sich nicht um das alleinig funktionierende System. Selbstverständlich kann im Sinne eines pragmatischen Ausschreibungsverfahrens je nach Ausgangslage auch anders verfahren werden. Sind beispielsweise die Großhandelspreise stark gefallen und erscheint eine Preisfixierung opportun, kann das Kundenunternehmen die finalen Verhandlungen auch vorziehen.

Zwischen Vertragsabschluss und Lieferbeginn besteht in der Regel ein zeitlicher Abstand. In diesem Zeitraum sind die administrativen Prozesse mit den Anbietern zu klären. Ebenso muss der Wechselprozess zum neuen Lieferanten umgesetzt werden.

Bei einer strukturierten Beschaffung ist besonders zu bedenken, dass zwischen Vertragsabschluss und Lieferbeginn noch eine ausreichend große Vorlaufzeit liegt.

In dieser Zeit müssen durch die festgelegte Beschaffungsstrategie die benötigten Strommengen an den Großhandelsmärkten eingekauft werden. Um den vorgestellten Prozess im Ganzen daher ohne Zeitdruck abwickeln zu können, ist eine realistische Zeitplanung wichtig. Diese verhindert, dass das Kundenunternehmen bestimmte Aspekte der Ausschreibung unter zeitlichem Druck aushandeln muss und unnötige Fehler entstehen. Zur Steuerung des Prozesses ist es vorteilhaft, einen Projektverantwortlichen beziehungsweise ein Team mit dem Ausschreibungsvorgang zu betrauen.

7.4   Typische Problemfelder der Stromausschreibung

Die Strombeschaffung ist ein sehr komplexes Thema. Über Erfolg oder Misserfolg entscheiden viele externe und interne Einflussfaktoren. Es ist notwendig, die externen Einflussfaktoren, zum Beispiel gesetzliche Änderungen, im Blick zu haben, um künftige Entwicklungen sowie deren Auswirkungen auf das eigene Geschäftsmodell antizipieren zu können. Kundenunternehmen sollten sich jedoch auf die internen und damit beeinflussbaren Faktoren konzentrieren. Hier sind die Hebel, um die eigene Strombeschaffung zu optimieren. Bessere Ergebnisse schlagen sich entweder in Kosteneinsparungen oder vermiedenen Zusatzkosten nieder. Das abschließende Kapitel beschreibt die gängigsten Problemfelder der Strombeschaffung und zeigt auf wie ein Kundenunternehmen sie vermeidet.

Durchführung von Angebotsvergleichen

Eines der großen Problemfelder der Strombeschaffung im Rahmen einer Ausschreibung ist der Vergleich der eingehenden Angebote. Diese können für einen energiewirtschaftlichen Laien zum einen nicht erkennbare Kosten beinhalten, zum anderen wegen der unterschiedlichen Aufbereitung durch die Stromversorger auch nur schwer zu vergleichen sein. Teilweise werden Gesamtkosten angegeben, teilweise sind Steuern, Abgaben und Umlagen sowie Netzgebühren enthalten, teilweise sind die Bestandteile zusammengefasst. Die Angebotsdarstellungen unterscheiden sich in Übersichtlichkeit und Transparenz. Je nachdem, wie viele Anbieter angefragt wurden, entsteht eine Unübersichtlichkeit, die einen Vergleich der Angebote erschwert. Ein Vergleich der ausgewiesenen Gesamtkosten hilft oftmals nicht weiter. Manche Ausschreibungsteilnehmer führen die regulierten Preisbestandteile auf, während andere lediglich den reinen Netto-Strompreis ausweisen. Sofern das Kundenunternehmen Grünstrom einkaufen möchte, steht es vor dem Problem, dass manche Anbieter einen Gesamtpreis angeben. Der Gesamtpreis enthält den Grünstrompreis, während andere einen Graustrompreis und einen Grünstromaufschlag angeben. Auch dies erschwert den Vergleich. Die kurzfristige Lösung ist oft, dass das Kundenunternehmen immer wieder Rückfragen bezüglich Angebotsstruktur und Bezeichnungen an die Anbieter stellt. Zusätzlich bleibt die Überlegung, dass mit einem ganzheitlichen Strombeschaffungsansatz der Preis nicht das alleinige Entscheidungskriterium sein sollte. Auch andere Faktoren (Kapitel 4) sollen in die Bewertung einfließen. Für den Auswertenden stellt sich die Frage, wie er diese Faktoren im Verhältnis zum angebotenen Preis bewertet. Wie auch in anderen Beschaffungsmärkten gilt, dass ein qualitativ höherwertiger Dienstleistungsservice in aller Regel mit einem höheren Preis verbunden ist. Zur Vermeidung der erwähnten Problemstellungen bei der Angebotsauswertung empfehlen sich zwei Instrumente:

- eine eigene Angebotsvorlage
- ein definierter Bewertungsbogen mit Ausschlusskriterien

Beide Instrumente verlangen in der Vorbereitungsphase einer Ausschreibung einen gewissen Mehraufwand. Doch reduzieren sie den Aufwand insgesamt, schaffen Transparenz und vermeiden teure Fehlentscheidungen durch eine intransparente Angebotsauswertung.

Vorteile einer eigenen Angebotsvorlage

Mit einer eigenen Angebotsvorlage legt ein Unternehmen seine Kriterien und seine Definitionen für alle teilnehmenden Stromanbieter verbindlich fest. Diese eigene Angebotsvorlage versendet das Kundenunternehmen an die Ausschreibungsteilnehmer und sie wird von ihnen ausgefüllt.

Damit stellt das Kundenunternehmen sicher, dass es die preislichen Konditionen der eingehenden Angebote einfach vergleichen kann. Wie eine eigene Angebotsvorlage aufgebaut sein soll, hängt von dem ausgeschriebenen Produkt ab. Auf jeden Fall sollte der Bestandteil des Angebots, der verhandelbar ist, getrennt ausgewiesen sein von den rein informativen Bestandteilen wie Netzentgelten, Steuern, Abgaben und Umlagen. Bei einer strukturierten Beschaffung entspricht dies der Servicegebühr der Anbieter. Auf diese Weise kann der Kunde den Angebotsaufbau nach eigenen Zielen gestalten und die Vergleichbarkeit deutlich erleichtern.

Bewertungsbogen als Grundlage einer individuellen Entscheidung

Das zweite Instrument ist ein definierter Bewertungsbogen mit Ausschlusskriterien. Der Bewertungsbogen sollte die vom Unternehmen gewünschten Zusatzdienstleistungen und die Gewichtungskriterien beinhalten. Diese Kriterien können u. a. sein:

- Bietet der Anbieter ein Strom-Reporting-Tool?
- Werden Bündelverträge für alle angefragten Standorte angeboten?
- Gibt es einen persönlichen Kundenbetreuer des Anbieters, der auch nach Vertragsschluss zur Verfügung steht?

Bei diesen „weichen" Angebotskriterien handelt es sich im Gegensatz zum Preis um qualitative Faktoren. Sie sind auf den ersten Blick oftmals nicht vergleichbar. Die Qualität eines persönlichen Kundenbetreuers stellt sich erst im Laufe der Zusammenarbeit heraus.

Ein eigener Bewertungskriterienkatalog verlangt jedoch von den Anbietern, auf ihre Kriterien einzugehen. Wie die einzelnen Dienstleistungskriterien zum Energiepreis ins Verhältnis zu setzen sind, ist letztendlich eine unternehmerische Entscheidung. Sie kann von Branche zu Branche und Unternehmen zu Unternehmen unterschiedlich ausfallen. Der angebotene Preis der Stromlieferung ist das wichtigste, jedoch nicht das alleinige Entscheidungsmerkmal. Die Entscheidung, wie das Kundenunternehmen einzelne Zusatzdienstleistungen im Verhältnis zum Strompreis bewertet, kann von folgenden Kriterien abhängen:

- Stromkosten absolut
- Stromkostenanteil an den Gesamtkosten
- internes Know-how
- interne Ressourcen
- Erfordernisse der Betriebsabläufe (Planungssicherheit, Prognostizierbarkeit etc.)

Ein Unternehmen, das eine eigene Angebotsvorlage nutzt, erarbeitet sich die notwendige Transparenz bei Preisen und Dienstleistungen der Anbieter und kann betriebswirtschaftlich fundierte Entscheidungen treffen.

Anzahl der Ausschreibungsteilnehmer

Ein weiterer Erfolgsfaktor einer Stromausschreibung ist die Auswahl der Ausschreibungsteilnehmer. Für das ausschreibende Unternehmen stellt sich die Frage, welche und insgesamt wie viele Anbieter es als Ausschreibungsteilnehmer anfragen soll. Ist die Anzahl der angefragten Anbieter zu klein, besteht das Risiko, nicht die besten am Markt gehandelten Konditionen angeboten zu bekommen. Ist die Zahl zu hoch angesetzt, ist ein hoher zeitlicher Aufwand zu leisten, da mit allen Ausschreibungsteilnehmern kommuniziert werden muss. Denn der Kunde sollte jedes eingeholte Angebot auch prüfen. Außerdem setzt eine große Anzahl an angefragten Stromlieferanten einen großen Rechercheaufwand voraus. Es muss unter anderem recherchiert werden, welche Anbieter welche Beschaffungsmodelle anbieten. Möglicherweise kommen für das eigene definierte Strombeschaffungsmodell nicht alle Anbieter infrage. Vereinzelt bieten Anbieter nur Festpreise oder nur strukturierte Beschaffungen an, beziehungsweise gibt es für bestimmte Produkte Mengenrestriktionen. Zur Auswahl der Ausschreibungsteilnehmer muss der Kunde zwei Fragen beantworten:

- Wie viele Anbieter werden angefragt?
- Welche Anbieter werden angefragt?

Zur Beantwortung der Frage, wie viele Anbieter das Kundenunternehmen anfragen sollte, können folgende Kriterien Berücksichtigung finden:

- Wie wichtig ist die Strombeschaffung für den Unternehmenserfolg?
- Wie komplex ist das beabsichtigte Beschaffungsmodell beziehungsweise die erwartete Dienstleistung?

Je wichtiger die Strombeschaffung ist und je komplexer das Beschaffungsmodell, umso größer sollte die Anzahl der angefragten Anbieter sein.

Das erhöht die Wahrscheinlichkeit, ein möglichst breites Marktbild zu erhalten und das optimale Angebot zu identifizieren. Eine gute Faustregel für kleinere und mittlere Unternehmen kann die Ansprache von fünf bis zehn Anbietern sein. Sagen mehrere Anbieter eine Teilnahme ab, sollte mit weiteren Anbietern nachgesteuert werden. Unternehmen mit einer größeren Abnahmemenge (ab etwa 5 GWh bis 10 GWh) und höherem Stromkostenanteil sollten die Zahl auf zehn bis 15 angefragte Anbieter erhöhen. Dadurch bleiben Aufwand und Nutzen im Verhältnis zueinander.

Für die Beantwortung der Frage, welche Anbieter als Ausschreibungsteilnehmer infrage kommen, bieten sich folgende Möglichkeiten: Zunächst hatte jedes Kundenunternehmen in der Vergangenheit immer Kontakte zu Stromanbietern. Auf diese Bestandskontakte kann der verantwortliche Mitarbeiter zurückgreifen. Die meisten Stromanbieter haben auf ihren Homepages sogenannte „Landing-pages" mit den Kontaktdaten für Kundenunternehmen. Und natürlich sind bei Unternehmensnetzwerken und Verbänden entsprechende Empfehlungen und Erfahrungen zur Nachfrage vorhanden.

Exkurs: Die Vor- und Nachteile von Strombeschaffungsplattformen

Für Unternehmen mit kleinerem oder mittlerem Strombedarf können Strombeschaffungs-plattformen eine Alternative zur konventionellen Ausschreibungskommunikation sein. Dabei werden die Ausschreibungsdaten auf der Plattform online gestellt und Anbieter geben auf diesem elektronischen Marktplatz ihr Angebot ab.

Das Spektrum der Plattformen reicht von einer einfachen Onlinestellung der Ausschreibungsdaten über die Auswertung der Angebote bis hin zur Vertragsannahme. Unternehmen, die nur wenig Zeit in die Recherche nach geeigneten Ausschreibungsteilnehmern investieren möchten, finden eine sinnvolle Alternative. Die Ausschreibung wird automatisch an interessierte Stromanbieter kommuniziert, welche die Plattform nutzen, um sich über Ausschreibungen zu informieren. Die Nutzung der entsprechenden Plattformen ist mit Kosten verbunden. Entweder werden pauschale Teilnahmegebühren für die Nutzung fällig oder die gelisteten Anbieter bezahlen an die Plattformbetreiber Teilnahmegebühren. Diese Gebühren finden sich in aller Regel in der Angebotskalkulation wieder und damit auch in den Preisen. Mit der Ausschreibung über eine Plattform ist eine höhere Anzahl an Ausschreibungsteilnehmern nicht garantiert. Viele Energieanbieter nehmen an entsprechenden Onlineausschreibungen nicht teil. Diese Anbieter vertreten die Vertriebsphilosophie, möglichst nahe am Kunden zu sein, und differenzieren sich über ihren qualitativen persönlichen Beratungsansatz. Dieser Ansatz entspricht auch den Kundenunternehmen, die ein komplexes Beschaffungsmodell anfragen und deshalb auch höhere Serviceansprüche haben.

Für Kundenunternehmen mit einem großen Stromvolumen und hohem Stromkostenanteil bietet sich der Besuch entsprechender Messen an. Auf diesen Foren können Kundenunternehmen gezielt Anbieter und ihre Produkte beziehungsweise Dienstleistungen kennenlernen. Eine der bekanntesten Messen ist die E-World-Messe, die jedes Jahr im Februar in Essen stattfindet. Sie ist die Leitmesse der europäischen Energiewirtschaft. Alle größeren Anbieter sind auf dieser Messe vertreten. Deshalb ist die Messe besonders geeignet, um sich ein Bild davon zu machen, welche Anbieter für die eigene Beschaffungsstrategie infrage kommen.

Dynamische Marktentwicklung in den letzten Jahren

Auf dem sehr heterogenen Stromversorgungsmarkt sind etwa 1000 Anbieter unterschiedlicher Größe tätig. Daraus ergibt sich die grundsätzliche Frage, ob die großen Energiekonzerne, die größeren Regionalkonzerne oder die eher mittleren und kleineren Stadtwerke angefragt werden sollen.

Der Markt hat sich in den letzten Jahren erheblich weiterentwickelt. Komplexere Beschaffungsprodukte, welche in der Vergangenheit nur von größeren Energiekonzernen und den größeren Regionalversorgern angeboten wurden, bieten heute auch sehr viele kleinere Stromlieferanten an. Sie können auch die Modelle der strukturierten Beschaffung und die entsprechenden Zusatzdienstleistungen umsetzen. Die Größe der Anbieter ist deshalb kein Unterscheidungskriterium dafür, ob der Anbieter auch für komplexere Anfragen zur Verfügung steht. Ebenso ergeben sich in der Preisgestaltung sehr unterschiedliche und ständig wechselnde Marktkonstellationen. So kann man nicht grundsätzlich davon ausgehen, dass kleinere Stadtwerke günstiger sind als größere Anbieter oder umgekehrt. Das ausschreibende Unternehmen sollte daher einen guten Mix aus kleineren Anbietern, größeren Regionalversorgern und möglicherweise großen Energiekonzernen zusammenstellen.

Wie in vielen anderen Bereichen ist das „Lieferantenhopping" auf dem Strommarkt in den seltensten Fällen wirtschaftlich sinnvoll. Ideal sind oft langfristige Partnerschaften. Durch Wechsel- und Anfrageprozesse entsteht ein Mehraufwand, der interne Kosten verursacht. Häufig sind kleinere und mittlere Unternehmen fest mit ihrer Heimatregion verbunden und haben dort viele direkte Kundenkontakte. Die örtlichen Versorger haben in vielen Fällen kommunale Verflechtungen und sind ebenfalls regional tief verwurzelt. Deshalb ist es auch aus unternehmenspolitischen Gründen wie regionaler Verbundenheit immer zweckmäßig, den heimatlichen Anbieter bei einer Ausschreibungsanfrage zu berücksichtigen.

Einhaltung von Fristen und Vorlaufzeiten

Als Teil der Zeitplanung einer Stromausschreibung gilt es, verschiedene Fristen und Vorlaufzeiten zu berücksichtigen. Eine wichtige Frist ist die Kündigungsfrist von Bestandsverträgen. Ein ausschreibendes Unternehmen, das Kündigungsfristen verpasst und dadurch alte Verträge verlängert, kann bessere Marktkonditionen und gegebenenfalls einen besseren Service nicht sofort nutzen. Es generiert in dieser Zeitphase vermeidbare Zusatzkosten.

Bei klassischen Stichtagspreisen betragen die Kündigungsfristen in der Regel zwei bis drei Monate vor Ende der Vertragslaufzeit. In den allermeisten Fällen sind die Verträge mit automatischen Verlängerungen von einem Jahr versehen. Der Vertrag verlängert sich dann zu den bestehenden Konditionen. Gibt es eine automatische Verlängerungsklausel im Liefervertrag, sollte das Kundenunternehmen das Kündigungsrecht entweder von sich aus ausüben oder den Bestandslieferanten auf ein neues Angebot ansprechen.

Je nachdem, wie sich die Großhandelspreise verändert haben, sind die Bestandskonditionen entweder günstig (bei gestiegenen Großhandelspreisen) oder teuer (bei gefallenen Großhandelspreisen). Sind die Preise gestiegen, wird der bestehende Liefervertrag ohnehin vom Bestandslieferanten gekündigt und ein neues Angebot vorgelegt. Spricht der Stromlieferant das Kundenunternehmen nicht auf die automatische Verlängerung an, ist dies eher ein Indikator dafür, dass sich die Konditionen zugunsten des Kunden verändern würden. Vor automatischen Verlängerungen sollte der Stromeinkäufer daher das Gespräch mit dem Lieferanten suchen, inwieweit eine Verbesserung der Konditionen möglich ist. Im Zweifel kann sich der verantwortliche Mitarbeiter die Entwicklung der Großhandelspreise seit Vertragsschluss dokumentieren lassen. Viele Kundenunternehmen lassen sich dabei von medialen Aussagen wie „Energie wird immer teurer" blenden. Sie freuen sich insgeheim, dass der Bestandslieferant den Energiepreis unverändert lässt. Dies ist jedoch in einem Sondervertrag mit Weitergabe der regulierten Netzentgelte, Steuern, Abgaben und Umlagen oftmals ein Trugschluss. Der Netto-Strompreis des Lieferanten basiert auf den Entwicklungen am Großhandelsmarkt. Der Gesamtenergiepreis des Kunden verteuert sich durch die steigenden regulierten Preiskomponenten.

Kritisch sind Verträge, die sich seit Jahren zu denselben Konditionen verlängert haben. Oftmals entsprechen diese Konditionen nicht mehr den aktuellen Marktkonditionen. Der Bestandslieferant sollte auf ein aktualisiertes Angebot angesprochen werden. Der Kunde kann dieses mit Alternativangeboten vergleichen.

Vor allem Kundenunternehmen mit mehreren Abnahmestellen und unterschiedlichen Lieferanten sollten die jeweiligen Kündigungsfristen im Blick haben. Sicherheit bei Kündigungsfristen kann die Vereinbarung eines automatischen Vertragsendes mit dem Stromlieferanten bieten. In diesem Fall muss das Kundenunternehmen rechtzeitig einen Anschlussvertrag abschließen. Es vermeidet damit, kurzfristig gezwungen zu sein, einen Vertrag mit ungünstigen Konditionen akzeptieren zu müssen.

Kündigungsfristen bei der strukturierten Beschaffung

Anders als beim Stichtagsmodell bestehen bei der strukturierten Beschaffung oftmals andere Kündigungsmechanismen. Der Grund liegt darin, dass bei strukturierten Beschaffungsmodellen Beschaffungszeitraum und Lieferzeitraum auseinanderfallen können. Deshalb können die Kündigungsfristen oftmals bereits Jahre vor dem Vertragsende liegen. Bei einer Verlängerung des Vertrages muss, je nach Beschaffungsmechanismus, bereits mit der Beschaffung für den Folgezeitraum begonnen werden. In diesem Fall kann ein Fristenbuch helfen, die wichtigen Daten im Blick zu haben. Es sollte das Vier-Augen-Prinzip gelten. Der Ausfall eines Mitarbeiters darf nicht das Versäumen von wichtigen Kündigungsfristen verursachen.

Bei der strukturierten Beschaffung ist im Gegensatz zur Stichtagsbeschaffung auch zu berücksichtigen, dass ein ausreichend großer Zeitraum als Beschaffungszeitraum eingeplant wird. Die Gesamtmenge wird in Teilmengen zu unterschiedlichen Zeitpunkten eingekauft. Daher muss die Vorlaufzeit je nach Beschaffungssystematik erheblich größer sein als beim Stichtagsmodell. Je nach Beschaffungsmodell kann zwischen Vertragsabschluss und Lieferbeginn ein Zeitraum von einem Jahr bis drei Jahren liegen. Möchte das Kundenunternehmen bereits Teilmengen für ein Lieferjahr drei Jahre im Voraus beschaffen, muss es entsprechend frühzeitig einen Liefervertrag abschließen. Einige strukturierte Beschaffungsmodelle benötigen diese Vorlaufzeit, um die Vorteile der Risikodiversifikation zu nutzen.

Des Weiteren sind Fristen im An- und Abmeldeprozess zu beachten. Sie sind einzuhalten, um Lieferstellen durch den Neulieferanten anzumelden. Sind die Verträge mit dem Altlieferanten bereits gekündigt und keine Neuanmeldung erfolgt, kann die teure Grundversorgung drohen. Dies verursacht unnötige Kosten. Die genauen Fristen des An- und Abmeldeprozesses zeigt die Anlage „ Fristen für Lieferantenwechsel und Neuanmeldungen".

Zeitpunkt zur Stromausschreibung

Oft stellt sich die Frage, zu welchem Zeitpunkt beziehungsweise in welchem Turnus eine Stromausschreibung stattfinden soll. Viele kleinere und mittlere Unternehmen führen die Ausschreibung einmal jährlich, in aller Regel kurz vor dem Ablaufen der Kündigungsfrist durch. Dies kann für kleinere Unternehmen mit sehr kleinem Stromabnahmevolumen sinnvoll sein. Andere Unternehmen schreiben entsprechend aus, wenn das Ende ihrer Stromlieferverträge abzusehen ist. Doch birgt die Stromausschreibung nach einem festen saisonalen oder vertraglichen Turnus ein energiewirtschaftliches Risiko.

Großhandelspreise und Ausschreibungszeitpunkt

Grundlage für die Preisbildung sind die Großhandelspreise. Die beschriebene Vorgehensweise bei Kündigungsfristen beziehungsweise automatisierten Verlängerungen vernachlässigt dieses Preisniveau bei der Wahl des richtigen Ausschreibungszeitpunktes. Für Unternehmen mit großem Stromabnahmevolumen und hohem Stromkostenanteil sollten die aktuellen Großhandelspreise bei der Wahl des richtigen Ausschreibungszeitpunktes eine Rolle spielen. Ist die Strombeschaffung für den Gesamterfolg des Unternehmens von großer Bedeutung, lohnt sich der notwendige Aufwand, die Entwicklung der Strompreise zu beobachten. Ebenso lohnt sich der Kontakt mit Stromanbietern, um den richtigen Zeitpunkt für eine Ausschreibung zu erfahren. Auch können über Homepages (u. a. www.eex.com) bestimmte Preise im Auge behalten werden.

Als Faustregel gilt, die Großhandelspreise für Strom einmal im Quartal mit dem Preisniveau zum Zeitpunkt des Vertragsabschlusses zu vergleichen. Dadurch entsteht auch Know-how im Unternehmen, um mögliche Potenziale von Verteuerungen oder Einsparungen einschätzen zu können. Eine Rücksprache mit dem Stromlieferanten je Quartal kann dieses Bild noch weiter fundieren. Es ist deshalb zweckmäßig, bestimmte Phasen einer Stromausschreibung wie die Datenvorbereitung und die Definition der passenden Strombeschaffungsstrategie bereits durchzuführen und auf günstige Entwicklungen an den Großhandelsmärkten zu warten. Treten diese ein, kann der Stromeinkäufer schnell reagieren und die Stromausschreibung kurzfristig aktivieren. Eine Option kann es sein, die Ausschreibungsdaten ausgewählten Anbietern bereits im Vorfeld einer Ausschreibung zur Verfügung zu stellen, mit der Bitte um ein indikatives Angebot. Dieses kann dann im Fall von fallenden Großhandelspreisen aktualisiert werden. Das spart Zeit und erhöht die Reaktionsfähigkeit des Unternehmens. Letztendlich sollten Kundenunternehmen jedoch nicht zu Spekulanten am Strommarkt werden. Der Aufwand muss im Verhältnis zum Nutzen stehen. Die Entwicklung der Großhandelspreise zu prognostizieren, ist äußerst komplex und unterliegt vielen makroökonomischen Einflussfaktoren. Ob der aktuelle Preisstand teuer oder günstig ist, lässt sich oft erst im Nachhinein beurteilen. Faustregeln wie Veränderungen seit der letzten Ausschreibung oder Veränderungen im letzten Jahr können bei einer Bewertung helfen. Auch muss das Kundenunternehmen wissen, welche Großhandelspreise miteinander verglichen werden. Es werden unterschiedliche Standardprodukte, zum Beispiel Monats-Jahresprodukte, für unterschiedliche Jahre und unterschiedliche Lastzeiten (Baseload, Peakload) gehandelt. Beim Vergleich historischer Preise muss das Kundenunternehmen dieselben Standardprodukte zum Vergleich heranziehen. Ein guter Referenzwert für viele mittelständische Unternehmen ist das Jahresprodukt Baseload-Lieferung für das Folgejahr (Frontjahr). Je wichtiger die Strombeschaffung für den Unternehmenserfolg ist, umso eher sollten Entwicklungen am Großhandelsmarkt in die Wahl des Ausschreibungszeitpunktes einfließen.

Passende Vertragsdauer

Die Frage nach der passenden Vertragsdauer ist eng verknüpft mit der Frage nach dem richtigen Beschaffungszeitpunkt. Bei der Stichtagsbeschaffung hängt die Frage nach der richtigen Vertragsdauer stark mit den Entwicklungen an den Großhandelsmärkten zusammen. Sind steigende Preise zu erwarten, ist eine lange Preisfixierung von Vorteil. Ist eher mit fallenden Preisen zu rechnen, sollte eine kürzere Preisfixierung gewählt werden.

Auch unternehmensinterne Grundsätze beeinflussen die Wahl der Vertragsdauer. Teilweise haben Unternehmen oder Verbände die Vorgabe, keine längeren Lieferverträge als zwei bis drei Jahre abzuschließen. Oft ist der Aspekt der Planungssicherheit von großer Bedeutung. Wenn dieser Aspekt für das Geschäftsmodell sehr wichtig ist, ist eine möglichst langfristige Preisbindung mit entsprechender Vertragsdauer sinnvoll. Sind geschäftliche Entwicklungen unsicher, kann sich die Struktur der Abnahmestellen erheblich verändern. In diesem Fall sollte eher eine kurze Vertragsbindung gewählt werden. Das schafft Flexibilität, um bei unerwarteten geschäftlichen Entwicklungen reagieren zu können. Für die meisten mittelständischen Unternehmen ist eine Vertragsdauer von zwei bis drei Jahren beim Festpreis in aller Regel optimal. Dies schafft eine Balance aus Flexibilität und Planungssicherheit. Viele Lieferanten bieten nur Stromlieferverträge bis zu drei Jahren an. Zwar werden an den Börsen Standardprodukte bis zu fünf Jahre in die Zukunft gehandelt, die Märkte sind jedoch für diese Produkte in der Regel nicht sonderlich liquide. Das erhöht das Preisrisiko. Auch können sich im Zeitraum der Bindung von mehr als drei Jahren erhebliche Änderungen in der Verbrauchsstruktur oder den betrieblichen Abläufen bis hin zum Geschäftsmodell ergeben. Von der Beschaffung von mehr als drei Jahren in die Zukunft ist daher tendenziell abzuraten.

Entscheidung für einen Einzel- oder Bündelpreis

Beinhaltet die Struktur eines Unternehmens mehrere Standorte, wie zum Beispiel im Falle einer Fitnessstudiokette, bedarf es der Klärung, ob ein Einzelpreis je Standort oder ein Bündelpreis für das Gesamtunternehmen sinnvoll ist.

Ein Bündelpreis bietet den Vorteil, dass Rechnungsprüfung, Controlling und Reporting leichter zu bewältigen sind. Auch ist die Vergleichbarkeit der unterschiedlichen Stromanbieter deutlich einfacher möglich als bei Einzelpreisen. Ein Stromversorger kann an einigen Standorten sehr günstige Preise anbieten, an anderen wiederum teurere. Auch gibt es unternehmensinterne Gründe für Einzelpreise je Standort. Sollen die einzelnen Standorte als Profitcenter bewertet werden, kann das nur mit Strompreisen je Standort und entsprechenden Verträgen realisiert werden. Möglicherweise ist jede Abnahmestelle als rechtlich selbstständige Einheit organisiert. Teilweise sind einzelne Abnahmestellen von ihrer Verbrauchsstruktur so unterschiedlich (z. B. Logistik und Verkaufsstandorte), dass sie unterschiedlich behandelt werden sollen. Der Bündelpreis ist ein Mischpreis aller Standorte. Er hätte in diesem Fall den Nachteil, dass die Standorte mit einem günstigen Verbrauchsprofil die Standorte mit einem teuren subventionieren. Bei sehr unterschiedlichen Abnahmestellen wie Standorten mit Produktion (großer Verbrauch im Schichtbetrieb) und Verkaufsfilialen (geringer Verbrauch in den regulären Öffnungszeiten) sind die Filialen und die Produktionsstandorte getrennt auszuschreiben. Die Entscheidung, Einzelpreis je Standort oder Bündelpreis für alle Standorte, ist daher eine sehr individuelle Unternehmensentscheidung.

Bindefrist und Indikation im Ausschreibungsprozess

Bei der Preisstellung unterscheiden Stromversorger bei der Stromausschreibung zwischen einem indikativem Angebot und einem Angebot mit Bindefrist. Viele Unternehmen fragen im Ausschreibungsprozess Angebote mit Bindefrist an. Begründet wird dies mit der Zeit, die zur Auswertung der eingegangenen Angebote und den notwendigen Vertragsunterschriften notwendig ist. Stromversorger kalkulieren bei einem Bindefristangebot einen Bindefristaufschlag in den angebotenen Preis. Dieser deckt das Risiko ab, dass nach Angebotsabgabe bis zum Zeitpunkt der Angebotsannahme die Preise steigen. Je länger die Bindefrist und je größer die Strommenge, desto höher der Aufschlag. Die Höhe dieses Aufschlages kann je nach Anbieter unterschiedlich ausfallen. Den Aufschlag kann sich ein Unternehmen durch eine einfache Umstellung in der Stromausschreibung ersparen.

Zunächst holt der Kunde ein indikatives Angebot ein. Dieses kann er in aller Ruhe auswerten und ein erstes Preisranking erstellen. Bei den bestplatzierten Anbietern kann der Einkäufer dann eine Angebotsaktualisierung anfragen. Die Anfrage kann die Information enthalten, dass die Entscheidung innerhalb einer Stunde nach Angebotseingang erfolgt. Der Stromversorger muss in diesem Fall keinen Risikoaufschlag einkalkulieren. Für den Zeitpunkt der Aktualisierung kann das Kundenunternehmen alle notwendigen internen Schritte vorbereiten. Es kann die eingehenden Angebote schnell final prüfen und notwendige Entscheidungen kurzfristig treffen. Für das Unternehmen ist das eine einfache Umstellung, die vermeidbare Kosten, hier den Bindefristaufschlag, einspart. Auch lohnt es sich für das Unternehmen, in der Phase zwischen indikativem Angebot und Preisaktualisierung die Entwicklung der Großhandelspreise im Blick zu behalten. Fallen diese und ein Anbieter hält sein indikatives Angebot aufrecht, kann das Kundenunternehmen diesen in der Preisverhandlung darauf ansprechen und Anpassungen aushandeln.

Anhang

Weiterführende Informationen

Um weitere Informationen zu den Themen Energiebeschaffung, Energieeffizienz und Energiepolitik zu erhalten und die Diskussionen um die Energiepolitik verfolgen zu können, finden Sie im Folgenden eine Übersicht der wichtigsten Informationsquellen und Links.

Interessenverbände

Verband der Industriellen Energie und Kraftwirtschaft e. V. (VIK)
Interessenverband industrieller und gewerblicher Energiekunden. Der Verband vertritt primär die Interessen von Industriebranchen mit Blick auf eine sichere und bezahlbare Energieversorgung.
Tipp: Stellungnahmen und Veröffentlichungen zum Thema „Energiebeschaffung und Energieeffizienz"
www.vik.de
Bundesverband der Energieabnehmer e. V. (VEA)
Interessenverband mittelständischen Energieabnehmer aus Handel, Industrie und öffentlichen Einrichtungen. Der Verband bietet auch individuelle Beratung an. Insgesamt vertritt der Verband etwa 4500 Mitgliedsunternehmen.
www.vea.de
Bundesverband der Deutschen Industrie e. V. (BDI)
Der BDI ist der Spitzenverband der deutschen Industrie und der industrienahen Dienstleister. Er vertritt 37 Branchenverbände mit etwa acht Millionen Beschäftigten.

© Springer Fachmedien Wiesbaden 2015
I. Schumacher, P. Würfel, *Strategien zur Strombeschaffung in Unternehmen*,
DOI 10.1007/978-3-658-07422-7

Tipp: Menüpunkte „Klima und Umwelt"/„Energie und Rohstoffe"
www.bdi.eu
Bundesverband der Energie- und Wasserwirtschaft (BDEW)
Interessenverband der deutschen Energie- und Wasserwirtschaft. Rund 1800
Mitglieder aus dem Strom-, Gas-, Fernwärme- und Wassersektor.
www.bdew.de
Verband kommunaler Unternehmen e. V. (VKU)
Interessenvertreter von etwa 1400 kommunalen Unternehmen aus den Berei-
chen Energie-, Wasser- und Entsorgungswirtschaft
Tipp: Menüpunkt „Zukunftsthemen"
www.vku.de

Forschungseinrichtungen/Studien

BP Energy Outlook
Jährlich erscheinende Studie zu den Trends und Entwicklungen an den weltwei-
ten Energiemärkten, herausgegeben von BP, einem der größten Energiekonzerne
weltweit. Auch Forschungseinrichtungen beziehen sich auf die Studie.
www.bp.vom/energyoutlook
Deutsches Institut für Wirtschaftsforschung (DIW)
Betreibt wirtschaftswissenschaftliche Grundlagenforschung und wirtschaftspo-
litische Beratung. Einen Schwerpunkt bildet der Bereich der Energiepolitik.
www.diw.de
Energiewirtschaftliches Institut der Universität zu Köln (EWI Köln)
Forschungsinstitut mit dem Fokus auf dem Gebiet der volkswirtschaftlichen
Energiewirtschaft und der Energiemärkte.
www.ewi-uni-koeln.de
International Energy Agency (IEA)
Einheit der OECD, welche als Austauschplattform für die Mitgliedsländer in
Fragen der Energieversorgungsstrategien fungiert.
Tipp: Jährlich erscheinende „World Energy Outlook"
www.worldenergyoutlook.org
Stiftung Wissenschaft und Politik (SWP)
Die Stiftung berät Bundestag, Bundesregierung und Wirtschaft zu außenpoliti-
schen Themen. Ein Bereich ist die geostrategische Energiepolitik.
Tipp: Themendossier „Energiepolitik"
www.swp-berlin.org

Ministerien/staatliche Einrichtungen

Bundesministerium für Wirtschaft und Energie (BMWI)
Das Ministerium ist unter anderem verantwortlich für die Leitlinien der Energiepolitik und Koordinierung der Energiewende.
www.bmwi.de
Bundesanstalt für Geowissenschaften und Rohstoffe (BGR)
Behörde mit der Aufgabe, Bundesregierung und Wirtschaft in rohstoffwirtschaftlichen Fragen zu beraten.
Tipp: Jährlich erscheinender Energierohstoffbericht
www.bgr.bund.de
Bundesnetzagentur für Elektrizität, Gas, Telekommunikation, Post und Eisenbahnen (BNetzA)
Behörde im Geschäftsbereich des Bundesinnenministeriums, welche unter anderem die Einhaltung des Energiewirtschaftsgesetzes (EnWG) überwacht. Schwerpunkt ist die Regulierung der Netzentgelte.
www.bundesnetzagentur.de
Deutsche Energie-Agentur GmbH (dena)
Kompetenzzentrum mit den Schwerpunkten Energieeffizienz, erneuerbare Energien und intelligente Energiesysteme. Eigentümer sind zu 50 % die Bundesrepublik Deutschland und zu 50 % ein Bankenkonsortium.
www.dena.de
World Energy Council (WEC)
Wissenschaftlicher Beirat aus Regierungsstellen, Wirtschaft und Nichtregierungsorganisationen (NGOs). Erarbeitet energiewirtschaftliche Strategieempfehlungen.
www.worldenergy.org

Preise

European Energy Exchange (EEX)
Strombörse mit Sitz in Leipzig, entstand im Jahr 2002 durch die Fusion der deutschen Strombörsen Frankfurt und Leipzig. Inzwischen ist die EEX ein führender Handelsplatz für Energie und energienahe Produkte im internationalen Energiehandel.
Tipp: Menüpunkt „Marktdaten" zeigt die aktuellen Großhandelspreise aller relevanten Standardhandelsprodukte

Geltende Umlagen 2015 und Privilegierungstatbestände

Nicht aufgeführt sind Netzentgelte und Konzessionsabgabe. Zwar kann der Endkunde auch diese Preiskomponenten nicht beeinflussen, jedoch handelt es sich
nicht um Umlagen. Die Netzentgelte werden durch die Bundesnetzagentur festgelegt (siehe Exkurs „Netzentgelte"). Die Konzessionsabgabe ist das Entgelt für die
Einräumung des Rechts zur Verlegung und zum Betrieb von Stromleitungen zur
Versorgung von Letztverbrauchern im Gemeindegebiet. Sie fließt über die Netzbetreiber an die Kommunen. Die Höhe der Konzessionsabgabe richtet sich nach
der Einwohnerzahl der jeweiligen Gemeinde.

Regelsätze Umlagen

Umlage (Regelsatz)	erste 100.000 kWh	100.000 bis 1.000.000 kWh	ab 1.000.000 kWh
EEG-Umlage	*6,17 Cent/kWh*		
KWK-Umlage	*0,254 Cent/kWh*	*0,051 Cent/kWh*	
§ 19 StromNEV	*0,237 Cent/kWh*	*0,227 kWh*	*0,05 Cent/kWh*
Offshore-Umlage	*− 0,051 Cent/kWh*		*0,05 ct/kWh*
Umlage für abschaltbare Lasten	*0,006 Cent/kWh*		

Privilegierungen EEG-Umlage

Unternehmen der Branchenliste 1 mit einem Jahresverbrauch von mehr als 1.000.000 kWh und Stromkosten von 16 % an der Bruttowertschöpfung
Unternehmen der Branchenliste 2 mit einem Jahresverbrauch von mehr als 1.000.000 kWh und Stromkosten von 20 % an der Bruttowertschöpfung zahlen *0,926 Cent/kWh (15 % EEG)*
Unternehmen der Branchenliste 1 mit einem Jahresverbrauch von mehr als 1.000.000 kWh und Stromkosten zwischen 14 und 16 % an der Bruttowertschöpfung
Unternehmen der Branchenliste 2 mit einem Jahresverbrauch von mehr als 1.000.000 kWh und Stromkosten zwischen 14 und 20 % an der Bruttowertschöpfung
Nicht gelistete Unternehmer mit einem Jahresverbrauch von 1.000.000 kWh und Stromkosten von mindestens 14 % an der Bruttowertschöpfung zahlen *1,234 Cent/kWh (20 % EEG)*

Privilegierungen KWK-Gesetz

Produzierende und schienengebundene Unternehmen mit Stromkosten in Höhe von min-destens vier Prozent am Umsatz
Zahlen über einem Jahresverbrauch von 100.000 kWh *0,025 Cent/kWh*

Privilegierungen § 19 StromNEV

Produzierende und schienengebundene Unternehmen mit Stromkosten in Höhe von min-
destens vier Prozent am Umsatz

Zahlen über einem Jahresverbrauch von 1.000.000 kWh
0,025 Cent/kWh

Privilegierungen Offshore-Haftungsumlage

Produzierende und schienengebundene Unternehmen mit Stromkosten in Höhe von min-
destens vier Prozent am Umsatz

Zahlen über einem Jahresverbrauch von 1.000.000 kWh
0,025 Cent/kWh

Fristen für Lieferantenwechsel und Neuanmeldungen

In aller Regel erfolgt die Kündigung beziehungsweise An- und Abmeldung durch
den Neulieferanten. Jedoch sind die Fristen auch für das Kundenunternehmen interessant für die interne Planung des Ausschreibungs- und Wechselprozesses.

1. Lieferantenwechsel – Standardlastprofil (SLP) und Registrierende Leistungsmessung (RLM)

Anmeldung beim Netzbetreiber zehn Werktage in die Zukunft zu jedem beliebigen
Datum. Kündigung des Altversorgers entweder durch Kundenunternehmen oder
den Neulieferanten. Individuelle Kündigungsfristen der Bestandverträge sind zu
beachten.

Erforderliche Daten für die Kündigung	Erforderliche Daten für die Anmeldung
Altversorger	Lieferadresse
Kündigungsfrist	Zählpunktbezeichnung, gegebenenfalls Zählernummer
Vorteilhaft: Kundennummer	Jahresverbrauch
	Gegebenenfalls Leistungswert bei RLM-Abnahmestellen

2. Einzug RLM

Anmeldung acht Werktage in die Zukunft zu jedem beliebigen Datum. Keine rück-
wirkende Anmeldung.

Erforderliche Daten
Lieferadresse
Zählpunktbezeichnung oder Zählernummer
Jahresverbrauch
Einzugsdatum
gegebenenfalls Leistungswert

3. Einzug SLP

Anmeldung bis zu sechs Wochen rückwirkend beim Netzbetreiber.

Erforderliche Daten
Lieferadresse
Zählpunktbezeichnung oder Zählernummer
Jahresverbrauch
Einzugsdatum

4. Neuanlage eines Zählers (Zähler wird neu gesetzt)

- Fristen siehe 2. bis 3.
- Anmeldung ohne Angabe von Zählpunktbezeichnung oder Zählernummer
- Zu empfehlen ist, den Netzbetreiber zu bitten, vor Zählersetzung einen Zähl-
  punkt zu vergeben

5. Fristen Lieferende (Abmeldung beim Netzbetreiber)

- Auszug SLP bis zu sechs Wochen rückwirkend
- Auszug RLM bis sieben Werktage in die Zukunft zu jedem beliebigen Datum

Sachverzeichnis

A

Abnahmestelle, 40, 41, 44, 49, 50, 57, 118, 152
Abrechnungsmanagement, 112, 113
Altanlagen, 107, 108
Angebotsvergleich, 56, 143
Angebotsvorlage, 58, 143, 144, 145
Anreizregulierung, 14, 15
Arbeitspreis, 47, 56, 57, 58, 59, 63, 65
Ausschreibungsteilnehmer, 58, 126, 143, 144, 145, 146

B

Back-to-Back-Beschaffung, 52, 63
backwardation, 69
Baseload, 22, 80, 81, 151
Benutzungsstunden, 46
Beschaffungsreporting, 116, 117
Beschaffungszeitraum, 75, 77, 82, 84, 93, 117, 149
Blockprodukte, 22
Bündelvertrag, 119
Bundesnetzagentur, 14, 17, 112
Bundesverband der deutschen Energie und Wasserwirtschaft (BDEW), 37

C

Co$_2$ Zertifikate, 27
contango, 69
Counterpart Risiko, 65

D

Day-Ahead, 21, 91, 95

E

E-Billing, 114, 115
EEG-Umlage, 32, 33, 66
Eigenerzeugungsanlage, 12
Einkaufsgemeinschaften, 133
Einzelstundenkontrakte, 23
Empfehlungsmanagement, 121, 122
Endkundenpreis, 25, 31, 33
Energiemanagementdienstleistungen, 124
Energierohstoffe, 19, 20
Energiewende, 1, 30, 91, 92, 93, 95, 107, 121
Energy-Only Markt, 30, 31
Erneuerbare Energiegesetz (EEG), 29
erneuerbare Energien, 30, 93, 97, 106
Erzeugungskapazitäten, 18, 24, 25, 29, 98, 101
Erzeugungsstruktur, 98
European Energy Certificate System (EECS), 100
European Energy Exchange (EEX), 19, 20

F

Frontjahreslieferung, 27

© Springer Fachmedien Wiesbaden 2015
I. Schumacher, P. Würfel, *Strategien zur Strombeschaffung in Unternehmen*,
DOI 10.1007/978-3-658-07422-7

G

Geschäftsprozess zur Belieferung von Kunden mit Elektrizität (GPKE), 112
Graustrom, 97
Grenzkuppelstellen, 19
Großhandelsmarkt, 17, 18, 19, 22, 25, 26, 28, 31, 52, 65, 69, 75, 77, 78, 82, 84, 87, 91, 95, 148, 151
Großkraftwerke, konventionelle, 29
Grundpreis, 47, 48, 56, 57, 58, 59, 63
Grundversorgung, 48, 49, 149
Grünstrombeschaffung, 62, 96, 97, 98, 99, 100, 101, 104, 105, 109, 138
Grünstromstromlabel, 98
Grünstromzerzertifikate, 100

H

Herkunftsnachweis (HKN), 100

I

Indexbeschaffung, 62, 74, 75, 76, 77, 78, 79, 82
indikatives Angebot, 151, 153
Intraday, 22

J

Jahreseinzelpreis, 69

K

Kapazitätsmechanismus, 30
Kernkraftausstieg, 27, 84
Konsortialgebiete, 11, 13
Konvergenz, 19, 23
Kraftwerksgrenzkosten, 27
Kraftwerkspark, 27, 30, 85
Kundenausfallrisiko, 65
Kündigungsfrist, 49, 120, 140, 148, 149, 150

L

Lastgang, 40, 41, 89
Lastprofil, synthetisches, 41

Leistungsmessung, registrierende, 40, 44, 45
Leistungspreis, 58, 59
Liberalisierung, 13, 14, 16, 17, 18, 19, 20, 27, 34, 35, 36, 37, 120
Lieferzeitraum, 69, 75, 77, 93, 149
Limitschwelle, 81
Liquidität, 18, 25

M

Marktdesign, 30
Marktpreisrisiko, 52, 65, 75, 76, 81, 87, 141
Mengenkorridore, 54
Merit Order, 27, 29
Mischpreis, 55, 69, 93, 117, 133, 152
Monopol, natürliches, 14

N

Netto Strompreis, 63
Netzbetrieb, 14, 16, 17, 34, 36
Netznutzungsentgelte, 14, 15, 41, 50, 59
Neuanlagen, 100, 106, 107, 108

O

Off-Peakload, 22
Oligopolmarkt, 35
OTC-Handel, 19
Outsourcing, 4, 123, 125

P

Peakload, 22, 23, 24, 41, 45, 81
Portfoliomanagement, 63, 88, 89, 90
Preisbindung, 67, 141, 151
Prognoserisiko, 65

Q

R

Referenzpreis, 24, 81
Regionalversorger, 34, 35, 36, 124
Rekommunalisierung, 36

Reportingdienstleistungen, 112, 115
Re-Price, 72
Residuallastgang, 89
Risikodiversifikation, 68, 76, 82, 149

S
Settlementpreis, 74
Sondervertrag, 47, 48, 50, 119, 148
Spotmarkt, 20, 21, 22, 62, 89, 91, 92, 93, 94, 95, 132
Spotmarktbeschaffung, 91, 94
Standardlastprofil, 40, 44, 45
Standardprodukte, 20, 22, 23, 24, 89, 151, 152
Stichtagsbeschaffung, 63, 65, 68, 69, 72, 76, 149, 151
Stromausschreibung, 4, 101, 115, 119, 125, 133, 135, 136, 137, 138, 139, 142, 145, 147, 148, 150, 152, 153
Strombeschaffungsmodelle, 62, 83, 111
Strombeschaffungsplattformen, 146
Strombörse, 19, 20, 25
Stromlieferant, 14, 16, 35, 40, 48, 50, 53, 65, 147, 148
Strommix, 25, 97, 98
Summenlastgang, 74, 89, 94

T
Take-or-Pay, 53, 56
Tarifvertrag, 47, 48, 50
Terminmarkt, 21, 22, 91, 93, 95

Tranchenbeschaffung, 63, 67, 76, 77, 78, 79, 80, 81, 83, 84, 85, 87, 88, 117, 121, 132

U
Unbundling, 16, 17

V
Verband kommunaler Unternehmen (VKU), 37
Verbrauchsreporting, 118
Vergütungsmodell, 129, 130, 131
Vertragsmanagement, 112, 119, 120
Volatilität, 69, 78, 81, 83, 84

W
Wechselmanagement, 112, 113

X

Y

Z
Zählernummer, 40, 116
Zählpunktbezeichnung, 40
Zieldreieck, energiewirtschaftliches, 10

Printed by Printforce, the Netherlands